江西理工大学清江学术文库

钼基化合物复合材料的设计及其电解水催化性能

漆小鹏　陈　建　汪方木　著

获取彩图

北　京

冶金工业出版社

2022

内 容 提 要

本书共 9 章,分别介绍了一系列钼基化合物复合材料的设计及制备,较为全面和系统地阐述了其电解水催化性能,以及元素掺杂、异质结构、表面改性、电子结构调控等改善钼基电解水催化材料性能的方法。本书可为氢能源用非贵金属电催化材料的开发和研究提供借鉴。

本书可供材料科学、氢能源科学、能源化学等领域的研究人员和从业人员阅读,也可为材料类、新能源类专业高等院校师生提供参考。

图书在版编目(CIP)数据

钼基化合物复合材料的设计及其电解水催化性能/漆小鹏,陈建,汪方木著.—北京:冶金工业出版社,2022.5
ISBN 978-7-5024-9161-1

Ⅰ.①钼… Ⅱ.①漆… ②陈… ③汪… Ⅲ.①钼化合物—金属基复合材料—水溶液电解—催化—研究 Ⅳ.①TB333.1

中国版本图书馆 CIP 数据核字(2022)第 082944 号

钼基化合物复合材料的设计及其电解水催化性能

出版发行	冶金工业出版社	电 话	(010)64027926
地 址	北京市东城区嵩祝院北巷 39 号	邮 编	100009
网 址	www. mip1953. com	电子信箱	service@ mip1953. com

责任编辑 王梦梦 美术编辑 燕展疆 版式设计 郑小利
责任校对 石 静 责任印制 李玉山
三河市双峰印刷装订有限公司印刷
2022 年 5 月第 1 版,2022 年 5 月第 1 次印刷
710mm×1000mm 1/16;9.75 印张;191 千字;148 页
定价 66.00 元

投稿电话 (010)64027932 投稿信箱 tougao@ cnmip. com. cn
营销中心电话 (010)64044283
冶金工业出版社天猫旗舰店 yjgycbs. tmall. com
(本书如有印装质量问题,本社营销中心负责退换)

前　　言

　　氢气是一种可再生的清洁能源，具有较大的能量密度，燃烧时具有良好的能量转化效率，释放的能量是相同质量碳氢化合物燃烧释放能量的近3倍，而且，氢气燃烧的产物是无污染、可以循环利用的水，可以减小能源燃烧产生大量废气引发的环境污染，消除环境部门对产物产生环境危害的担忧。由于这些优点，氢气被看作工业发展的理想能源。目前传统煤制氢、天然气制氢和其他化工原料制氢技术都存在一定的高能耗、高污染、工艺流程长且出氢纯度低等缺点，而电解水制氢技术则具有零排放和产品纯度高等优势，耦合可再生能源电解水制氢，还能有效消纳"三弃"电力，调整电力系统能源结构。由可持续能源驱动的电化学水分解过程中，贵金属基催化剂仍然是最有效和持久的析氢和析氧催化剂。然而，它们的稀缺性和高成本阻碍了它们的大规模应用，开发活性高和稳定性强的非贵金属电催化材料对于实现经济的制氢至关重要。近年来，钼基的碳化物、硫化物、氧化物等，因具有非凡的催化性能而备受关注，被视为有前景的催化材料。然而，钼基电催化剂仍存在催化稳定性低、电导率和活性比表面积小等问题。

　　本书是作者在总结多年研究成果的基础上撰写而成的，全书设计及制备了一系列钼基化合物复合材料，并对其电解水催化性能进行了较为全面和系统地分析，通过元素掺杂、异质结构、表面改性、电子结构调控等各种方法改善了钼基电解水催化材料性能，为氢能源用非贵金属电催化材料的开发和研究提供了理论及实验依据。

　　本书共9章，第1章主要综述了钼基电解水催化材料的研究进展；第2章利用水热法和氢还原方法，成功制造出含大量氧空位的铁掺杂的二氧化钼/三氧化钼异质结构用于双功能电催化剂；第3章设计了一种二氧化钼-氟化铈异质结纳米片；第 4 章设计并提出了一种新的由稀土金属和非贵金属异质结组成的具有丰富活性界面的不规则椎体结构，可作为高性能、耐用的双功能析氢和析氧电催化剂；第 5 章设计并制造了一种自支撑无黏合剂集成电极，该电极由磷化钼多孔纳米片组成，这些多孔纳米片生长在含有 Ni_3P 的泡沫镍上，具有出色的析氢性能和析氧性能；第 6 章开发了一种原位生长方法，设计合成了普鲁士蓝磷化物/磷化镍/氧化钼/泡沫镍复合材料；第 7 章选用廉价的 304 型不锈钢网作为水分解电催化剂自支撑材料，使用一步电沉积法在不锈钢表面形成镍钼电催化剂，为电解水催化材料的大规模工业化生产提供了一种思路；第 8 章通过水热法制备出包覆不同浓度石墨烯的炭化泡沫/石墨烯/二硫化钼复合材料；第 9 章设计并开发了多孔 $N-Mo_2C@C$ 纳米颗粒。

　　本书涉及的研究工作得益于国家自然科学基金（22065015）、江西省重点研发计划（20202BBEL53023）的资助，本书的出版得到了江西理工大学清江学术文库的资助，在此致以真挚的谢意。本书是作者研究团队集体智慧的结晶，得到了梁彤祥教授、邓义群博士、刘超博士、杨辉博士、曾金明博士，以及蒋鸿辉、陈建、汪方木、李文、曾庆乐等同仁的大力支持，在此一并表示感谢。

　　本书可供材料科学、氢能源科学、能源化学等领域的研究人员和从业人员阅读，也可作为材料类、新能源类专业高等院校师生的参考书。

　　由于作者学识水平和经验阅历所限，书中不足之处，恳请有关专家和广大读者给予批评指正。

作　者

2021 年 12 月

目　　录

1　绪论 ·· 1

　1.1　引言 ··· 1

　1.2　电催化反应机制的概述 ·· 2

　　1.2.1　水分解的反应机理 ·· 2

　　1.2.2　析氢反应 ··· 3

　　1.2.3　析氧反应 ··· 4

　1.3　钼基电催化材料研究进展 ·· 5

　　1.3.1　二硫化钼 ··· 6

　　1.3.2　碳化钼 ··· 7

　　1.3.3　磷化钼 ··· 8

　　1.3.4　氧化钼 ·· 10

　1.4　钼基异质结构电催化剂的研究进展 ······································ 11

　　参考文献 ·· 12

2　铁掺杂二氧化钼/三氧化钼/泡沫镍复合材料的制备及性能 ············ 18

　2.1　引言 ·· 18

　2.2　铁掺杂二氧化钼/三氧化钼/泡沫镍复合材料的制备 ············· 19

　2.3　表征设备及方法 ··· 20

　2.4　材料的化学组成和结构分析 ·· 20

　　2.4.1　XRD 分析 ·· 20

　　2.4.2　XPS 分析 ·· 21

　2.5　材料的微观形貌分析 ·· 23

　2.6　材料的 HER 电化学性能表征 ·· 25

　2.7　材料的 OER 电化学和全解水性能表征 ································· 30

　2.8　理论计算 ·· 32

　　参考文献 ·· 33

3 二氧化钼-氟化铈/泡沫镍复合材料的制备及性能 ··········· 36

3.1 引言 ··· 36

3.2 二氧化钼-氟化铈/泡沫镍复合材料的制备 ············· 37

3.3 表征设备与方法 ································· 38

3.4 材料的微观形貌分析 ····························· 39

3.5 材料的化学组成和价态分析 ························· 40

    3.5.1 XRD 分析 ······························ 40

    3.5.2 XPS 分析 ······························ 40

3.6 材料在碱性溶液的 HER 电化学性能表征 ············· 42

3.7 材料在酸性溶液的 HER 电化学性能表征 ············· 47

3.8 材料的循环稳定性 ····························· 50

参考文献 ··· 52

4 二氧化钼-氧化铈/泡沫镍复合材料的制备及性能 ········· 55

4.1 引言 ··· 55

4.2 二氧化钼-氧化铈/泡沫镍复合材料的制备 ············· 56

4.3 表征设备及方法 ································· 57

4.4 材料的微观形貌分析 ····························· 57

4.5 材料的化学组成和结构分析 ························· 59

    4.5.1 XRD 分析 ······························ 59

    4.5.2 XPS 分析 ······························ 61

4.6 材料在碱性溶液的 HER 电化学性能 ··············· 62

4.7 材料在碱性溶液 OER 和全解水电化学性能 ··········· 66

4.8 理论计算 ··· 68

参考文献 ··· 69

5 磷化钼/磷化镍/泡沫镍复合材料的制备及性能 ··········· 71

5.1 引言 ··· 71

5.2 磷化钼/磷化镍/泡沫镍复合材料的制备 ··············· 72

5.3 表征设备与方法 ································· 72

5.4 催化剂结构分析 ································· 73

5.5 催化剂形貌分析 ································· 74

　　5.6　催化剂电化学性能 ……………………………………………… 77
　　5.7　催化剂循环稳定性 …………………………………………… 81
　　参考文献 ……………………………………………………………… 82

6　普鲁士蓝磷化物/磷化镍@氧化钼/泡沫镍复合材料的制备及性能 ……… 85
　　6.1　引言 …………………………………………………………… 85
　　6.2　普鲁士蓝磷化物/磷化镍@氧化钼/泡沫镍复合材料的制备 … 85
　　6.3　表征设备与方法 ……………………………………………… 87
　　6.4　前驱体的结构与形貌 ………………………………………… 87
　　6.5　催化剂的结构与形貌表征 …………………………………… 90
　　6.6　催化剂的电化学性能 ………………………………………… 94
　　6.7　催化剂循环之后的结构及形貌 ……………………………… 97
　　6.8　实验方法通用性验证 ………………………………………… 99
　　参考文献 ……………………………………………………………… 100

7　镍钼合金/不锈钢网复合材料的制备及性能 ……………………… 102
　　7.1　引言 …………………………………………………………… 102
　　7.2　镍钼合金/不锈钢网复合材料的制备 ………………………… 103
　　7.3　表征设备与方法 ……………………………………………… 104
　　7.4　NiMo 合金的晶体结构 ……………………………………… 104
　　7.5　NiMo 合金的微观形貌 ……………………………………… 106
　　7.6　NiMo 合金的元素价态 ……………………………………… 108
　　7.7　NiMo 合金的电化学性能 …………………………………… 110
　　7.8　NiMo 合金的循环测试后的表征 …………………………… 119
　　参考文献 ……………………………………………………………… 121

8　炭化泡沫/石墨烯/二硫化钼复合材料的制备及性能 ……………… 123
　　8.1　引言 …………………………………………………………… 123
　　8.2　炭化泡沫/石墨烯/二硫化钼复合材料的制备 ……………… 123
　　8.3　表征设备与方法 ……………………………………………… 124
　　8.4　复合材料的物相、形貌表征 ………………………………… 124
　　8.5　复合材料的电化学性能 ……………………………………… 129
　　参考文献 ……………………………………………………………… 130

9　氮掺杂碳化钼@碳复合材料的制备及性能 ················ 132

9.1　引言 ················ 132

9.2　氮掺杂碳化钼@碳复合材料的制备 ················ 132

9.3　表征设备与方法 ················ 133

9.4　微观形貌及结构 ················ 134

9.5　HER 活性的评估 ················ 139

9.6　煅烧温度在 N 掺杂中的作用 ················ 143

9.7　密度函数理论计算 ················ 144

参考文献 ················ 146

1 绪 论

1.1 引言

随着生产力水平的快速发展和机械现代化程度的提高，全球有限的化石燃料（如天然气、石油等）的过度开采和消耗、全球能源危机以及化石能源燃烧引起的环境问题日益严重，令人担忧[1-3]。另外，全球因经济和机械化飞速发展伴随着的潜在的能源需求也在不断增大。不幸的是，有限的化石燃料储备在未来的社会和经济发展中最终会被消耗殆尽，如何有效地减少有限的化石能源的消耗，探索一种可再生、对环境没有污染的清洁能源来取代有限的化石能源引起了极大的关注[4,5]。

氢气是一种可再生的清洁能源，如图1.1所示，其在地球上的储量丰富（约占地壳元素的0.76%），地球覆盖率70%的水便是氢储存的仓库之一。氢气具有较大的能量密度（约为10 MJ/m³），燃烧具有良好的能量转化效率，是碳氢化合物燃料释放能量的2.75倍[6]，而且氢燃烧的产物是无污染、可以循环利用的水，既可以减少能源燃烧产生大量废气引发的环境污染，又可以消除环境部门对燃烧产物产生环境危害的担忧。由于这些吸引人的优点，氢气被看作工业发展的理想能源。目前，在各种主要的工业化制氢中，电解水制得的氢气纯度比较高，方法简单，较为环保，被认为是大规模商业化制氢的理想方法[7,8]。而水电解制氢需要

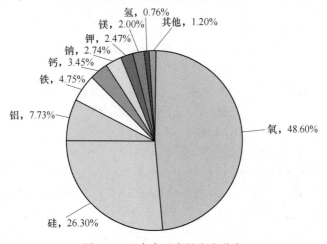

图 1.1 地壳中元素的丰度分布

较大的过电位，因此需要活性高的、稳定性好的催化剂在低过电位下明显的降低水分解的能量壁垒，减少电解制氢的能源消耗[9,10]。目前，商业上高效的电解水制氢使用的催化剂均为贵金属催化剂，但由于其较差的稳定性、高昂的价格和较低的储量阻碍了其在水电解领域大规模商业化应用。因此，探索一种拥有相当于贵金属的催化活性，价格低廉，储量丰富，同时具有工业生产稳定和高环保的非贵金属催化剂已成为一种趋势[11,12]。

1.2 电催化反应机制的概述

1.2.1 水分解的反应机理

1.2.1.1 酸性电解水阴阳极反应

在水电解的氧化还原反应过程中，一般将其分为两个半反应途径（见图1.2），即水解的阳离子快速地向阴极移动的析氢反应（HER）和阴离子随着电子的转移向阳极快速移动的析氧反应（OER）[13,14]。其中，水的电解在酸性介质的条件下，电解质中明显的存在大量游离的氢离子（H+），在外加电场施加能量的条件下，H+通过质子的传递，迅速地向阴极移动，与外加电子结合从而产生氢气，反应式为

$$4H^+ + 4e \Longrightarrow 2H_2 \uparrow \qquad (1.1)$$

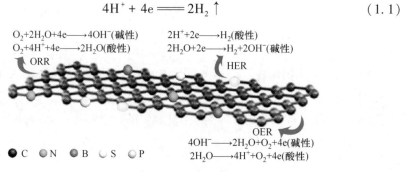

图1.2 酸性和碱性介质中的水电解机制[15]

而阳极在外加电场的作用下，水迅速分解成氢离子从而快速补充电解液阴极消耗的H+，产生氧气同时释放电子的过程，方程式为

$$2H_2O \longrightarrow 4H^+ + O_2 \uparrow + 4e \qquad (1.2)$$

1.2.1.2 碱性电解水阴阳极反应

在碱性电解槽水电解的反应机制中，由于反应的电解液中存在大量游离状态的氢氧根离子（OH−），带正电荷的水合氢（H3O+）在外加电能的作用下，电流迅速地通过正极，H3O+与阴极的电子有效地结合，产生氢气[16]，反应式为

$$2H_2O + 2e \longrightarrow 2OH^- + H_2 \uparrow \qquad (1.3)$$

而在阳极的反应中，阴极水解产生的OH−和碱性介质提供游离的OH−通过电子迁

移的形式快速向阳极移动，释放电子同时产生氧气和 H_2O，方程式为

$$2OH^- \longrightarrow H_2O + 2e + \frac{1}{2}O_2\uparrow \tag{1.4}$$

其水电解的总反应式为

$$2H_2O \longrightarrow 2H_2 + O_2 \tag{1.5}$$

1.2.2 析氢反应

电解质中，HER 的阴极反应一般可以分为 2 个不同的机制和 3 个可能的步骤[17,18]。第一个反应步骤是 Volmer 反应，它是将电解质中的 H^+ 通过质子的传递，被阴极表面固定的电子捕获，从而结合形成吸附的氢原子（H_{ads}），其反应式为

$$H^+ + e \longrightarrow H_{ads} \quad b_V = \frac{2.3TR}{\partial F} \tag{1.6}$$

当 H_{ads} 在阴极表面的浓度较低时，H_{ads} 之间很难进行结合，此时 H_{ads} 特别容易和电解质中游离状态下的 H^+ 和电子相结合，从而脱附氢气的过程称之为 Heyrovsky 反应。其反应式为

$$H^+ + e + H_{ads} \longrightarrow H_2\uparrow \quad b_H = \frac{2.3TR}{(1+\partial)F} \tag{1.7}$$

当 H_{ads} 在阴极表面的浓度较高时，相邻的 H_{ads} 之间可以相互影响，重新组合产生氢气，这一化学解吸途径称其为 Tafel 反应。其反应式为

$$H_{ads} + H_{ads} \longrightarrow H_2\uparrow \quad b_T = \frac{2.3TR}{2F} \tag{1.8}$$

式中，b 为 Tafel 斜率；∂ 为对称系数，它的计算值约为 0.5；F 为法拉第常数；R 为理想条件下气体常数；T 为绝对温度。

而碱性介质中，通常是反应物水与电子快速的结合以提供反应所需的 H_{ads}，其反应式为

$$H_2O + e \longrightarrow H_{ads} + OH^- \quad (\text{Volmer 反应}) \tag{1.9}$$
$$H_2O + e + H_{ads} \longrightarrow H_2\uparrow + OH^- \quad (\text{Heyrovsky 反应}) \tag{1.10}$$
$$H_{ads} + H_{ads} \longrightarrow H_2\uparrow \quad (\text{Tafel 反应}) \tag{1.11}$$

如图 1.3 所示，在酸性和碱性条件下，HER 的电催化剂的反应机制主要分为 Volmer-Tafel 或者 Volmer-Heyrovsky[20,21]。HER 的主要反应机制可以用析氢过程中的电荷转移动力学（Tafel 斜率）表示，其值可以直接从电化学测试的实验结果中获得。Tafel 斜率的公式为

$$\eta = b\lg\left(\frac{J}{J_0}\right) \tag{1.12}$$

式中，η 为过电势；J_0 为交换电流密度；J 为电流密度。

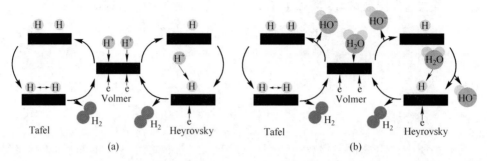

图 1.3 酸性和碱性电解质中的 HER 反应机理图[19]

(a) 酸性电解质；(b) 碱性电解质

氢的吉布斯自由能（ΔG_{H^*}）与 H_{ads} 存在一定的脱附和吸附的竞争关系，H_{ads} 的键与键之间的结合能可以反映电催化活性。而实验中较难确定 H_{ads} 的键与键之间的结合能，在火山图（见图 1.4）的指示下，可以用实验测得的 J_0 计算出 ΔG_{H^*} 作为描述 HER 催化剂的催化活性的关键。当催化剂的 ΔG_{H^*} 较大时，此时的 Tafel 斜率 b_V 接近于 118mV/dec，对应着 HER 的 Volmer 反应的放电步骤，此时催化剂的催化活性较低。当催化剂的 ΔG_{H^*} 较小时，Tafel 斜率 b_H 接近于 39mV/dec，此时对应着催化剂的 Volmer-Heyrovsky 脱附的反应机制。而当催化剂催化的 HER 过程应通过 Volmer-Tafel 机制进行时，此时的 ΔG_{H^*} 绝对值接近于零（如 Pt），Tafel 斜率 b_T 接近为 29mV/dec，此时表明电荷转移动力学最快[22]。

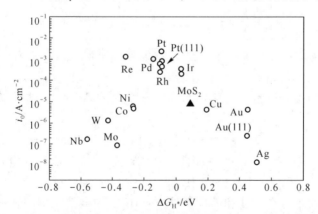

图 1.4 ΔG_{H^*} 与交换电流密度之间的火山关系图[23]

1.2.3 析氧反应

OER 过程是一个水电解产生的 OH^- 经过中间体的吸附电子最终得到氧分子的步骤。OER 由于涉及 OOH^*、O^* 和 OH^* 电子耦合效应，其反应动力学是相当慢且复杂的过程[24]。如图 1.5 所示，在酸性和碱性电解液中，所有步骤均涉及相同数量的电子/质子，但是介质和材料的不同，OER 反应会沿着不同的路径进行。OER 在不同种溶液中反应机理如下：

在中性或碱性溶液中：

$$OH^- + M \longrightarrow MOH \tag{1.13}$$

$$OH^- + MOH \longrightarrow H_2O + MO \tag{1.14}$$

$$2MO \longrightarrow 2M + O_2\uparrow \tag{1.15}$$

$$OH^- + MO \longrightarrow e + MOOH \tag{1.16}$$

$$OH^- + MOOH \longrightarrow O_2\uparrow + H_2O + M \tag{1.17}$$

在酸性介质中：

$$H_2O + M \longrightarrow H^+ + e + MOH \tag{1.18}$$

$$OH^- + MOH \longrightarrow H_2O + e + MO \tag{1.19}$$

$$2MO \longrightarrow 2M + O_2\uparrow \tag{1.20}$$

$$H_2O + MO \longrightarrow H^+ + MOOH + e \tag{1.21}$$

$$OH^- + MOOH \longrightarrow O_2\uparrow + M + e + H^+ \tag{1.22}$$

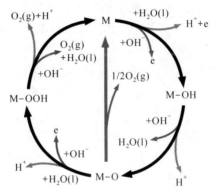

图 1.5　碱性或中性(红色)和酸性(蓝色)介质中 OER 反应机制图[25]

1.3　钼基电催化材料研究进展

由于空气的存在，自然界中钼很难以单质的形态存在，钼大部分都是以氧化状态下各种氧化物矿石的形式存在。同时，它还以稳定和高强度的碳化物的形式存在于各种合金中，据报道，全球 80% 左右的钼被应用于工业生产钢的合金中。另外，钼还能够存在于其他各类化合物中，其中包括硒化钼、硫化钼、氮化钼、磷化钼、硼化钼等[26]。近年来，钼基的各类化合物由于展现出相似于 Pt 的电化学活性、丰富的存量和相对低廉的价格，被广泛认为是特别有前途的应用于电催化的贵金属替代物。

1.3.1 二硫化钼

近年来，由于过渡金属硫化物（TMD）具有低成本、高的催化 HER 本征活性，被用于替代用于电解水的贵金属催化剂而成为世界研究的热点。作为一种典型的 TMD 二维材料，二硫化钼（MoS$_2$）有类似于石墨烯的六方堆积的层状结构，层与层之间具有较多的 S 边缘活性位点[27]，每个单层薄片之间通过间距为 0.65nm 的弱的范德华力连接[28,29]。这种层状结构使得 MoS$_2$ 沿基底平面的电子迁移率比垂直于薄片之间的迁移率快约 2200 倍[30,31]。而较多的 MoS$_2$ 片层堆积在一起会使片层之间的活性位点不易于在催化过程中释放，需要制备片层分散性较好的催化剂，使其在 HER 过程更好的吸附/解吸，增加暴露的硫活性位点，从而提高 HER 催化性能[32]。Linbo Huang 等人通过在纳米级的三维多孔碳（PC）片上自限制的转换，实现了分散较好、富含大量的 S 边位和空位的蜂窝状的 MoS$_2$ 单层。这种单层的 MoS$_2$ 在碱性电解质中可以展现出卓越的 HER 性能，在 10.0mA/cm^2 时，其需要的过电位为 126.0mV，双层电容为 337.30mF/cm^2。使用导电性较强的三维多孔碳不仅能够增加电子传导，而且其纳米孔洞可以有效地限制 MoS$_2$ 单层的尺寸。同时 MoS$_2$ 单层中助催化的 S 空位和足够数量的边缘催化位点显著地提高了催化剂的耐久性和催化活性，这种自限制策略为扩展可控合成广泛的细分散片层纳米材料开辟了道路[33]。

由于 MoS$_2$ 难以在酸性介质中保持优越的 HER 活性，Yan Wang 等人[34]在单层 MoS$_2$ 电极上通过在电极平面上施加电场来增强在酸性介质的 HER 活性。电场是由位于 MoS$_2$ 下面的栅电极产生的，通过扫描 MoS$_2$ 电化学电位在栅电极背面上的应用，使其在电流密度为 50.0mA/cm^2 的情况下，降低超过 140mV 的过电位。DFT 结果支持以施加电场来增强 HER 活性机制，施加电场使得钼金属特性的电子电荷和与钼相邻的 S 空位增加，HER 活性提高。另外，由于 MoS$_2$ 稳定性不足，且难以同时具有杰出的 OER 和 HER 性能，严重限制了其在全解水方面的应用。为解决这一问题，Jinghuang Lin 等人直接在碳布上通过水热和精细控制硫含量的硫化处理成功地构建了富缺陷的 MoS$_2$/NiS$_2$ 异质纳米片，其中通过精细的控制升华硫的含量，得到了具有丰富纳米孔且尺寸不同的异质纳米片，这种纳米片可以确保电荷有效的传输途径和快速释放气泡的开放通道，而纳米孔能够提供较多的氢吸附位点。由高倍的 TEM 图像，能够看到明显的缺陷和异质界面，这些异质界面可以促进电子的相互耦合，S 缺陷可以加速电子的传输，提高耐久性和双电层电容。这些富含纳米孔和缺陷的 MoS$_2$/NiS$_2$ 异质纳米片展示出较优异的 HER 和 OER 性能，在电流密度达到 10.0mA/cm^2 的情况下，其过电位分别仅需要 62mV 和 278mV。此外，将 MoS$_2$/NiS$_2$ 作为阴极和阳极，在 10mA/cm^2 处的电解电压为 1.59V[35]。

研究发现，通过引入一些点缺陷以及基面的晶界可以有效地降低催化活性位点的氢吸附能[36-38]，通常的方式是阳离子掺杂、阴离子掺杂以及 S 空位的形成。Li 等人通过引入 S 空位以及弹性拉伸应变首次实现了 MoS$_2$ 基面活化以及最佳性能[39]，通过计算显示 MoS$_2$ 基面的 S 空位可以有效地活化析氢，这种独特的电子结构可以使得 H 吸附在暴露在表面的 Mo 原子上。此外，表面应变的引入可以调整 ΔG_{H*}，甚至趋向于零，他们之后执行系统的验证概念实验，通过 TOF 值量化空位和应变同时建立了有效的平台。首先，在 Mo 片上合成具有大量连续的 MoS$_2$ 单层薄片，这种 MoS$_2$ 单层薄片拥有较低密度的边界位点，因此可以基本反应基面的性质。之后通过氩气的等离子处理在 MoS$_2$ 基面上产生 S 空位，并通过控制反应时间来精确的引入 S 空位。此外，MoS$_2$ 的应变是通过毛细管力支撑的金纳米锥，通过优化，应变 S 空位 MoS$_2$ 的 TOF 值为 $0.08 \sim 0.31 s^{-1}$，超过边界位点 MoS$_2$ 的为 $0.013 \sim 0.02 s^{-1}$ 和 $[Mo_3S_4]^{4+}$ 团簇的 $0.07 s^{-1}$，这些实验结果非常符合理论预测。除了 S 空位以外，其他一些结构缺陷依然可以作为析氢的催化位点。Huang 等人基于催化位点密度低的挑战制备出 $1 \sim 2nm$ 的超薄单层 MoS$_2$[40]。通过 XPS 和电子自旋共振谱可以看出这种单层的 MoS$_2$ 具有大量的 S 边界位点和空位，这些 S 边界位点和空位可以为催化提供大量的活性位点，因此该材料具有优异的电催化性能，在 $10mA/cm^2$ 时的析氢过电位仅为 126mV。到目前为止，已经有 4 种方式可以应用到提升 MoS$_2$ 的催化性能：（1）通过合理化的设计包括材料的形貌等最大化的提高材料的活性位点数量；（2）通过降低 MoS$_2$ 的堆叠以及重堆叠使得催化剂的导电性以及扩散能力增强；（3）采用杂原子掺杂以及创造空位缺陷以达到最佳的 ΔG_{H*}，从而提高材料的本征活性；（4）加入一些外场如应力、电压、热电子注入等提高 MoS$_2$ 的本催化活性以及导电性。

1.3.2 碳化钼

在所有的钼基催化剂中，碳化钼最广泛的研究是作为析氢催化剂[41-43]。并不像 MoS$_2$ 那样，碳化钼被认为是一种金属间化合物，具有一定的机械强度和导电性[44,45]，通过对碳化钼进行电化学测试以及电子能带结构的分析可以揭露出其在析氢催化上具有一定的竞争力。密度泛函理论的计算显示，Mo 的 d 轨道与 C 的 s 轨道和 p 轨道的重叠可以显著的拓宽 Mo 的 d 带结构，从而使得碳化钼具有的 Pt 的 d 带相似的特性[46]。目前可以应用到催化剂的碳化钼有 Mo$_2$C、MoC 和 Mo$_3$C$_2$，这些与 Pt 相似的碳化钼已经被广泛地应用于水煤气交换、脱硫作用和析氢电催化[41,45]。碳化钼首次应用到析氢催化来自 Vrubel 等人的研究[44]。他们利用商用 Mo$_2$C 作为催化剂，发现该材料的起始过电位约为 100mV，并且在电流密度达到 $10mA/cm^2$ 时，在酸性条件下的过电位为 210mV，在碱性条件下的过电位为 190mV。当处于酸性条件下时，这种商用 Mo$_2$C 的析氢性能与无定形的 MoS$_x$

相似，有趣的是，在酸性条件下的析氢活性与碱性条件下的析氢活性是相当的。通常，极少量的催化剂在酸性和碱性条件下具有相似的析氢催化活性，Pt 就是其中一种在酸性和碱性条件下都拥有很好的催化活性的催化剂，当这种 Mo₂C 应用到中性溶液时，虽然它的起始过电位依然约为 100mV，但是电流密度并不能达到很高，这样的结果可能的原因是氢氧根离子在中性溶液中并不能有效地进行扩散。其中还有一个重要的原因是商用 Mo₂C 的颗粒尺寸较大，造成相对较低密度的活性位点，减小催化剂的尺寸来增加材料的活性位点是提高材料催化活性的有效方式，但是合成碳化钼一定要经过高温烧结，因此在一定程度上会使得碳化钼之间发生团结[47,48]。为了解决这样的问题，Li 等人将钼离子与聚丙烯腈以及醋酸纤维素混合获得纺丝液[49]，通过静电纺丝获得钼离子包裹在纤维里，进一步碳化得到 Mo/Mo₂C/N-CNFs 这种多层结构，这种金属与半导体之间的协同效应可以促进材料导电性能的提升，同时碳纤维的存在不仅可以保护活性材料免于电解液的侵蚀，同时可以分散活性材料，使得催化剂具有更大的活性位点密度。在这样的条件下，该催化剂在酸性碱性以及中性条件下都拥有很好的电催化析氢性能。

Govinda Humagain 等人利用桦林在生产过程中产生的残渣，厌氧热解得到的生物质碳上生长钼基前驱体，然后采用可控的固态镁热还原反应制备了多孔的 Mo₂C 纳米结构。这种多孔的 Mo₂C 纳米结构在酸性溶液中展现出良好的 HER 性能，其在 10.0mA/cm² 和 100.0mA/cm² 时的过电位分别对应为 35mV 和 60mV 和具有大于 100h 的长时间的稳定性[50]。而为了改善 Mo₂C 杂化结构上的电荷分布，使 Mo₂C 在催化过程中更好地实现氢原子的吸附和脱附，Meixuan Li 等人通过静电纺丝技术将得到的前驱体进行碳化处理，在线型碳纳米管上实现了 Ni 和 Mo₂C 纳米级的化学偶联，展现出较好的双功能电催化性能。Ni/Mo₂C(1:2)-NCNFs 在 10.0mA/cm² 时，需要的 HER 和 OER 的过电位分别是 143mV 和 288mV[51]。目前改善碳化钼的有效策略主要有：（1）通过一些可控的合成方式制备更高的比表面积和更高密度的活性位点的碳化钼；（2）通过一些阴离子或阳离子掺杂最佳化碳化钼的本征活性[18]。

1.3.3 磷化钼

由于磷化物在电催化领域展示出优良的导电性和高效的 HER 和 OER 活性，使其被看作贵金属催化剂新的替代成员。磷化钼（MoP）作为加氢脱硫（HDS）反应的一种载体，其带负电荷的 P 在催化过程中可以作为与质子结合的受体，减小氢化物受体键与键的结合强度，从而促进吸附氢原子的脱附[52]。受到加氢脱硫反应的启发 Xiao 等人首先报道了 MoP 在酸性和碱性条件下都具有优异的析氢性能[53]。他们利用的是简单的烧结法，并且成功合成了 MoP 与 Mo₃P 催化剂。

颗粒较大的 MoP 依然具有优异的析氢性能，在循环稳定性上依然表现优异，以及较低的塔菲尔斜率，同时在酸性和碱性电解液中的交换电流密度分别为 $3.4×10^{-2}$mA/cm^2 和 $4.6×10^{-2}$mA/cm^2。在整个催化剂中，Mo$_3$P 并不具有任何析氢活性，之后的理论计算表明 MoP 催化剂的 ΔG_{H*} 接近于零，因此 MoP 很有潜力取代 Pt 去催化析氢。除了大尺寸的 MoP，减小催化剂的尺寸以改善催化剂的性能也是一种方法，Jiang 等人制备了生长在泡沫镍上的纳米片状的磷化钼，这种催化剂不仅具有优异的析氢性能，在析氧上的表现也是相当可观[54]。用该催化剂作为阴极和阳极组成的水电解系统在 10mA/cm^2 时可以达到 1.62V，该性能已经超过了以 RuO$_2$/NF 为阳极，Pt/C/NF 为阴极的水电解系统，这种直接生长在泡沫镍上的催化剂免除了黏结剂的使用，可以显著地降低催化剂的阻抗。除了将 MoP 催化剂的尺寸降低，与其他材料复合也是一种有效提高催化剂性能的方法。Liu 等人使用碳布作为基体，通过电沉积的方式将聚苯胺沉积到碳布表面，之后用水热法将 MoO$_3$ 成功的生长到碳布上，再使用电沉积在 MoO$_3$ 上沉积另一层的聚苯胺，最后高温磷化得到多层 N、P 共掺碳包覆 MoP 纳米晶 MoP 团簇混合物[55]。其中第一次的电沉积的目的是促进水热时对离子的吸附，已形成均匀的 MoO$_3$ 纳米棒；第二次的电沉积是防止催化剂在高温磷化的时候发生结构的破坏。这种多层的结构在酸性、中性和碱性的条件下都具有优异的电催化性能，在 10mA/cm^2 时的析氢过电位分别为 74mV、106mV、69mV。这种优异的性能得益于：（1）这种 3D 多孔结构不仅可以提供更多的活性位点，同时可以促进电解液离子的进入，降低电子传输阻抗；（2）被 N、P 共掺碳层包裹的 MoP 纳米晶有助于提高材料的比表面积从而促进材料活性位点的提高；（3）这种 N、P 共掺的碳层不仅有助于电极的多孔性和导电性，而且可以防止 MoP 纳米晶的团聚；（4）N 掺杂碳层可以提高石墨碳的电子密度和材料的活性位点；（5）MoP 与 N、P 共掺碳之间的协同效应可以降低 ΔG_{H*}，从而促进 H* 介质的吸收。

Cuicui Du 等人采用原位生长的方法在商用的三维泡沫镍（NF）上生长纳米花状的 MoP 和 Ni$_2$P 的异质结，其在碱性的介质中展示出极好的 OER 和 HER 活性。在 10.0mA/cm^2 时，MoP/Ni$_2$P 异质结展现的 HER 过电位为 75mV，在 100.0mA/cm^2 时的 OER 过电位是 365mV 和达到 10mA/cm^2 时仅需要 1.55V 的电压[56]。而 MoP 在高温环境下的制备通常会发生纳米颗粒的聚集，不利于催化过程中氢的吸附和脱附，从而导致催化活性较低。而 MoP 纳米颗粒的尺寸越小，其可以很大程度上增加活性位点的数量，同时暴露相当大的比表面积，从而促进 HER 反应动力学。Baocang Liu 等人通过 N、C 双掺杂 MoP 的方法防止了 MoP 纳米颗粒的团聚，获得结晶良好和较小尺寸的多孔纳米结构，改变 MoP 周围的电子环境，明显降低了电荷传输时电阻，从而使相当多的活性位点暴露，显著的提高 HER 性能。电流密度为 10.0mA/cm^2 时，制备的 N、C 双掺杂的 MoP 在

0.5mol/L H_2SO_4，1.0mol/L PBS 和 1.0mol/L KOH 电解质中测得的过电位分别为 74mV、106mV 和 69mV[57]。总的来说，提高磷化钼的催化活性的方式有：（1）暴露更多的活性位点；（2）调整磷化钼的电子结构以提高材料的本征活性。

1.3.4 氧化钼

近些年，作为一种潜在的钼基氧化物代替贵金属催化剂，二氧化钼（MoO_2）由于具有良好的金属导电性和化学稳定性成为人们研究的热点。二氧化钼中的四价钼可以在催化反应中提供良好的金属指示点，而且其在费米能级处有良好的活性。另外，MoO_2 具有高的电子迁移速率，其 Mo—O 键能够很好地解离而且有效地对催化中间体进行吸附和脱附，从而有利于催化的进行[58,59]。但是单独的 MoO_2 在 HER 催化中表现出的 HER 活性并不出众，因此需要对 MoO_2 进行改性。Xiao Xie 等人在 H_2O_2 处理的 Mo 箔上生长 MoO_2，然后用 NaH_2PO_2 作为磷源进行低温磷化，得到 P 掺杂的 MoO_2 纳米粒子（MoO_2P_x/Mo foil）。这种 MoO_2P_x/Mo foil 在酸性溶液展现出良好的 HER 活性，其在 10mA/cm² 时的过电位对应于 135mV，Tafel 斜率是 62mV/dec。MoO_2P_x/Mo foil 能够展现非凡的 HER 性能可以归结于 P 掺杂形成了 Mo—P 键，能够诱导周围 Mo—O 键的局部电荷转移，加快了电子的传输[60]。

Chen 等人通过在氢气气氛下采用两步化学气相沉积技术在碳布（CC）上合成具有核壳结构的 MoO_2/$MoSe_2$ 的纳米片。这种核壳结构的 MoO_2/$MoSe_2$ 的纳米片具有良好的协同性能，且 $MoSe_2$ 壳层的紊乱和结构缺陷带来较多的活性位点的暴露。而 MoO_2 核可以促进电子在核与壳间的电子传输。由于这些特性，在 0.5mol/L H_2SO_4 中，MoO_2/$MoSe_2$ 到达 10mA/cm² 时对应的过电位为 0.181V，Tafel 斜率是 49.1mV/dec。另外，经过 2000 次 CV 循环，具有核壳结构的 MoO_2/$MoSe_2$ 电压出现可忽略不计的损失，这能被归结于具有核壳的结构能够有效地保护材料不被电解液侵蚀[61]。

MoO_2 在发展 HER 反应的同时，探索双功能的电催化剂也备受关注。为了解决 MoO_2 在双功能电催化剂上的发展瓶颈，Lin Wang 等人通过将 Ni 泡沫浸泡在配置好的四硫钼酸铵溶液，之后在的真空条件下煅烧，然后在氨气煅烧得到直径为 50nm 左右，均匀分布的 N 掺杂的 MoO_2/Ni_3S_2 异质结（N-MoO_2/Ni_3S_2 NF）颗粒。从高分辨的 TEM 图像和选区电子衍射可以看到，这种 N-MoO_2/Ni_3S_2 NF 纳米颗粒具有层次分明的 MoO_2 和 Ni_3S_2 界面，这种界面能够提供较大的活性位点，使其能显现出极好的 OER 和 HER 活性，在大电流下仍然能具有较好的稳定性。对于 HER 反应，N-MoO_2/Ni_3S_2 NF 在 1000.0mA/cm² 时能达到的过电位为 517mV，显著地优于 Pt 在 1000.0mA/cm² 时需要 631mV 的过电位。而对于 OER 催化时，在 1.0mol/L KOH 和 0.5mol/L 尿素溶液测得 N-MoO_2/Ni_3S_2 NF 的电流密

度为 $50.0mA/cm^2$、$100.0mA/cm^2$ 和 $150.0mA/cm^2$ 时，能达到的过电位分别是 $1.65V$、$1.70V$、$1.74V$ 和 $1.37V$、$1.39V$、$1.41V$。在 $1.0mol/L$ KOH 和 $0.5mol/L$ 尿素溶液，$N-MoO_2/Ni_3S_2$ NF 作为阴极和阳极，电流密度达到 $100mA/cm^2$，在 $2.25V$ 和 $1.94V$ 电压下能实现水的分解。这种大电流下优越的 HER 和 OER 活性归结于界面间的耦合作用和 N 的掺杂，其能够提供较强的电子转移和暴露较多活性中心，加速反应的进行[62]。以上的结果可以看出，改变 MoO_2 的电子结构，促进催化反应有以下方法：（1）通过阴离子掺杂降低催化能垒；（2）通过构建异质结来加速电子在界面间快速转移；（3）通过形成核壳结构带来的结构缺陷，暴露更多催化时需要的活性位点。

1.4 钼基异质结构电催化剂的研究进展

近年来，非活性/活性组分通过物理或化学的方法各自或相互结合用来制备具有丰富异质界面的复合结构材料在催化领域得到了广泛的探索和研究。通过构建这类异质结构不仅可以显著地提升单一材料组分的催化性能，而且能够在一些化学反应中表现出特有的理化特性。另外，异质界面可以促进单个材料组分电子结构的重新耦合，从而在功能和特性上表现出优于每个单组分所贡献的催化作用[63,64]。异质结构能够显著地降低催化能垒，加速电子在界面与电解质的转移和提高催化稳定性，因此在过渡金属氧化物中备受青睐。MoO_2 因为有限的电荷转移和较小的活性表面限制 OER 动力学以至于阻碍其在 OER 催化领域的应用。为了增加表面活性和质量扩散，Fenglei Lyu 等人[65]以 ZIF-67 作为模板，在含有 Na_2MoO_4 的水溶液和乙醇溶液回流处理得到 $CoMoO_4-Co(OH)_2$，然后再氢气煅烧得到 $CoO-MoO_2$ 的异质纳米颗粒。这种 $CoO-MoO_2$ 的纳米颗粒具有较多的纳米孔，而且由于异质界面的形成，为材料提供了相当大的比表面积。其 BET 面积是 $120.1m^2/g$，分别是 CoO 和 MoO_2 的 BET 面积的 3.52 倍和 10.29 倍。另外，$CoO-MoO_2$ 异质结具有较大的 TOF 值（$1.7\times10^{-2}s^{-1}$ 在 300mV）和较小的 OER 过电位（312mV 在 $10mA/cm^2$），明显优于单一组分的 CoO 的 TOF 值（$1.7\times10^{-2}s^{-1}$）和 OER 过电位（312mV），MoO_2 的 TOF 值（$1.7\times10^{-2}s^{-1}$）和 OER 过电位（312mV）在相同的过电位和电流密度。以上结果显示，异质结能够增强电子转运和提高单一组分的表面积，从而提高 OER 活性。

Ganceng Yang 等人以纺锤体结构的 β-FeOOH 为自牺牲模板，三甲酸为桥联配体，通过水热和磷化方法形成了具有异质界面和多孔的 $MoO_2-FeP@C$ 的纺锤体，HRHEM 结果显示材料具有明显的界面分布的晶格条纹，XPS 光谱显示结合能不同程度的位移，意味着 MoO_2 和 FeP 电子在界面上的重新分布，成功的合成了异质结。其中，MoO_2 的加入可以增强 $MoO_2-FeP@C$ 的烧结耐受性，促进气泡在多孔结构中的转移，加快 HER 反应速率。而界面上 FeP 的电子的重新排布有利于 H* 和 H$_2$O 吸收能的优化促进了生物质电氧化反应（BEOR）活性的提升。MoO$_2$-FeP 显示出明显优于单组分的氢吸附能和 $\Delta E_{(HMF)}$，证明了 MoO$_2$-FeP 具有非凡的 HER 和 BEOR 活性。另外，MoO$_2$-FeP 的在费米能级附近处的态大于 FeP 和 MoO$_2$，暗示着 MoO$_2$-FeP 拥有较好的导电性。Ganceng Yang 等人的结果证明了异质结能够促进水的分解，加速电子转移，提升生物量转化率和增强的循环稳定能力[66]。

由于 MoO$_2$ 在酸性介质中难以展现较好的 HER 能力和稳定性，Huihui Zhao 等人以 Mo 箔（MF）提供 Mo 源，用过氧化氢和去离子水的混合溶液水热得到 MoO$_2$/MF，然后在依次经过水热和低温磷化得到了具有异质界面的 CoP-MoO$_2$/MF 纳米阵列。这种"自下而上"的方法能够使异质纳米阵列生长在 MF 上而不容易脱落。CoP-MoO$_2$/MF 异质结不仅在碱性溶液中能保持良好的 HER 性能和高的稳定性，而且在酸性溶液中也是如此。在电流密度达到 10.0mA/cm^2，CoP-MoO$_2$/MF 异质结展示出较小的 HER 过电位为 42mV（碱性）和 65mV（酸性），高的转换频率 0.73s^{-1}（碱性）和 0.8s^{-1}（酸性），33h（碱性和酸性）的长时间的稳定性。CoP-MoO$_2$/MF 非凡的 HER 性能主要是因为 MoO$_2$ 和 CoP 形成的异质界面间的协同作用和电荷在界面与电解质之间的转移。密度泛函理论计算表明，异质结构能增强 H* 的解离/吸附，加速电子传输。其中 MoO$_2$ 的存在可以有效地加强材料吸附水分子和解离 H—O 键的能力，而 CoP 的存在可以提升催化剂的表面积和提升 MoO$_2$ 的稳定性[67]。

参 考 文 献

[1] Chen Y Y, Zhang Y, Zhang X, et al. Self-templated fabrication of MoNi$_4$/MoO$_{3-x}$ nanorod arrays with dual active components for highly efficient hydrogen evolution [J]. Advanced Materials, 2017, 29（39）: 1703311.

[2] 徐诗皓. 过渡金属/碳基复合材料的制备及在电催化水分解中的应用 [D]. 合肥: 中国科学技术大学, 2020.

[3] Lu X F, Yu L, Lou X W. Highly crystalline Ni-doped FeP/carbon hollow nanorods as all-pH efficient and durable hydrogen evolving electrocatalysts [J]. Science Advances, 2019, 5（2）: eaav6009.

[4] Ji L, Wang J, Teng X, et al. CoP nanoframes as bifunctional electrocatalysts for efficient overall water splitting [J]. ACS Catalysis, 2020, 10（1）: 412-419.

[5] Sultan S, Tiwari J N, Singh A N, et al. Single atoms and clusters based nanomaterials for hydrogen evolution, oxygen evolution reactions, and full water splitting [J]. Advanced Energy Materials, 2019, 9（22）: 1900624.

［6］ Wang Y, Yang H, Zhang X, et al. Microalgal hydrogen production ［J］. Small Methods, 2020, 4 （3）: 1900514.

［7］ Hu E, Feng Y, Nai J, et al. Construction of hierarchical Ni—Co—P hollow nanobricks with oriented nanosheets for efficient overall water splitting ［J］. Energy & Environmental Science, 2018, 11 （4）: 872-880.

［8］ Xu H, Cheng D, Cao D, et al. A universal principle for a rational design of single-atom electrocatalysts ［J］. Nature Catalysis, 2018, 1 （5）: 339-348.

［9］ Ali A, Shen P K. Nonprecious metal's graphene-supported electrocatalysts for hydrogen evolution reaction: fundamentals to applications ［J］. Carbon Energy, 2020, 2 （1）: 99-121.

［10］ Yi M, Lu B, Zhang X, et al. Ionic liquid-assisted synthesis of nickel cobalt phosphide embedded in N, P codoped-carbon with hollow and folded structures for efficient hydrogen evolution reaction and supercapacitor ［J］. Applied Catalysis B: Environmental, 2021, 283: 119635.

［11］ Sun Y, Wang B, Yang N, et al. Synthesis of RGO-supported molybdenum carbide （Mo_2C-RGO） for hydrogen evolution reaction under the function of poly （Ionic Liquid） ［J］. Industrial & Engineering Chemistry Research, 2019, 58 （21）: 8996-9005.

［12］ Chen Y C, Lu A Y, Lu P, et al. Structurally deformed MoS_2 for electrochemically stable, thermally resistant, and highly efficient hydrogen evolution reaction ［J］. Advanced Materials, 2017, 29 （44）: 1703863.

［13］ Wang Z, Xu L, Huang F, et al. Copper-nickel nitride nanosheets as efficient bifunctional catalysts for hydrazine-assisted electrolytic hydrogen production ［J］. Advanced Energy Materials, 2019, 9 （21）: 1900390.

［14］ Wang X, Li Z, Wu D Y, et al. Porous cobalt-nickel hydroxide nanosheets with active cobalt ions for overall water splitting ［J］. Small, 2019, 15 （8）: 1804832.

［15］ Duan J, Chen S, Jaroniec M, et al. Heteroatom-doped graphene-based materials for energy-relevant electrocatalytic processes ［J］. ACS Catalysis, 2015, 5 （9）: 5207-5234.

［16］ Anantharaj S, Ede S, Kannimuthu K, et al. Precision and correctness in the evaluation of electrocatalytic water splitting: revisiting activity parameters with a critical assessment ［J］. Energy & Environmental Science, 2018, 11 （4）: 744-771.

［17］ Zhuang Z, Huang J, Li Y, et al. The holy grail in platinum-free electrocatalytic hydrogen evolution: molybdenum-based catalysts and recent advances ［J］. Chem. Electro. Chem., 2019, 6 （14）: 3570-3589.

［18］ Zhang K, Li Y, Deng S, et al. Molybdenum selenide electrocatalysts for electrochemical hydrogen evolution reaction ［J］. Chem. Electro. Chem., 2019, 6 （14）: 3530-3548.

［19］ Yu P, Wang F, Shifa T A, et al. Earth abundant materials beyond transition metal dichalcogenides: A focus on electrocatalyzing hydrogen evolution reaction ［J］. Nano Energy, 2019, 58: 244-276.

［20］ Mahmood A, Guo W, Tabassum H, et al. Metal-organic framework-based nanomaterials for electrocatalysis ［J］. Advanced Energy Materials, 2016, 6 （17）: 1600423.

［21］ Ahmad W. 过渡金属氧化物催化剂的设计合成及在电解水催化电极中的应用 ［D］. 合

肥：中国科学技术大学，2020.

［22］ Zhu J, Hu L, Zhao P, et al. Recent advances in electrocatalytic hydrogen evolution using nan-oparticles［J］. Chemical Reviews, 2020, 120（2）: 851-918.

［23］ Xiao P, Chen W, Wang X. A review of phosphide-based materials for electrocatalytic hydrogen evolution［J］. Advanced Energy Materials, 2015, 5（24）: 1500985.

［24］ Fang S, Bai L, Moysiadou A, et al. Transition metal oxides as electrocatalysts for the oxygen evolution reaction in alkaline solutions: an application-inspired renaissance［J］. Journal of the American Chemical Society, 2018, 140（25）: 7748-7759.

［25］ Suen N T, Hung S F, Quan Q, et al. Electrocatalysis for the oxygen evolution reaction: recent development and future perspectives［J］. Chemical Society Reviews, 2017, 46（2）: 337-365.

［26］ Zhuang Z, Huang J, Li Y, et al. The holy grail in platinum-free electrocatalytic hydrogen evo-lution: molybdenum-based catalysts and recent advances［J］. Chem. Electro. Chem., 2019, 6（14）: 3570-3589.

［27］ 郎庆辉，杨占旭. MoS_2/CMK-3 复合材料的制备及其电催化析氢性能研究［J］. 有色金属工程，2020, 10（12）: 16-21.

［28］ Singh E, Singh P, Kim K S, et al. Flexible molybdenum disulfide（MoS_2）atomic layers for wearable electronics and optoelectronics［J］. ACS Applied Materials & Interfaces, 2019, 11（12）: 11061-11105.

［29］ Li Y, Wang H, Xie L, et al. MoS_2 nanoparticles grown on graphene: an advanced catalyst for the hydrogen evolution reaction［J］. Journal of the American Chemical Society, 2011, 133（19）: 7296-7299.

［30］ Wang L, Liu X, Luo J, et al. Self-optimization of the active site of molybdenum disulfide by an irreversible phase transition during photocatalytic hydrogen evolution［J］. Angewandte Chemie International Edition, 2017, 56（26）: 7610-7614.

［31］ Li W, Qi X, Yang H, et al. MoS_2 in-situ growth on melamine foam for hydrogen evolution［J］. Functional Materials Letters, 2019, 12（4）: 1950044.

［32］ Li X, Zhang J, Zhang C, et al. Crystalline MoP-amorphous MoS_2 hybrid for superior hydrogen evolution reaction［J］. Journal of Solid State Chemistry, 2020, 290: 121564.

［33］ Huang L B, Zhao L, Zhang Y, et al. Self-limited on-site conversion of MoO_3 nanodots into vertically aligned ultrasmall monolayer MoS_2 for efficient hydrogen evolution［J］. Advanced En-ergy Materials, 2018, 8（21）: 1800734.

［34］ Wang Y, Udyavara S, Neurock M, et al. Field effect modulation of electrocatalytic hydrogen evolution at back-gated two-dimensional MoS_2 electrodes［J］. Nano Letters, 2019, 19（9）: 6118-6123.

［35］ Lin J, Wang P, Wang H, et al. Defect-rich heterogeneous MoS_2/NiS_2 nanosheets electrocata-lysts for efficient overall water splitting［J］. Advanced Science, 2019, 6（14）: 1900246.

［36］ Li H, Du M, Mleczko M J, et al. Kinetic study of hydrogen evolution reaction over strained MoS_2 with sulfur vacancies using scanning electrochemical microscopy［J］. Journal of the American Chemical Society, 2016, 138（15）: 5123-5129.

［37］ Ouyang Y, Ling C, Chen Q, et al. Activating inert basal planes of MoS_2 for hydrogen evolution reaction through the formation of different intrinsic defects ［J］. Chemistry of Materials, 2016, 28 (12): 4390-4396.

［38］ Huang Y, Nielsen R J, Goddard W A. Reaction mechanism for the hydrogen evolution reaction on the basal plane sulfur vacancy site of MoS_2 using grand canonical potential kinetics ［J］. Journal of the American Chemical Society, 2018, 140 (48): 16773-16782.

［39］ Li H, Tsai C, Koh A L, et al. Activating and optimizing MoS_2 basal planes for hydrogen evolution through the formation of strained sulphur vacancies ［J］. Nature Materials, 2016, 15 (1): 48-53.

［40］ Huang L B, Zhao L, Zhang Y, et al. Self-limited on-site conversion of MoO_3 nanodots into vertically aligned ultrasmall monolayer MoS_2 for efficient hydrogen evolution ［J］. Advanced Energy Materials, 2018, 8 (21): 1800734.

［41］ Ma F X, Wu H B, Xia B Y, et al. Hierarchical $\beta-Mo_2C$ nanotubes organized by ultrathin nanosheets as a highly efficient electrocatalyst for hydrogen production ［J］. Angewandte Chemie International Edition, 2015, 127 (51): 15615-15619.

［42］ Wu H B, Xia B Y, Yu L, et al. Porous molybdenum carbide nano-octahedrons synthesized via confined carburization in metal-organic frameworks for efficient hydrogen production ［J］. Nature Communications, 2015, 6 (1): 6512.

［43］ Li J S, Wang Y, Liu C H, et al. Coupled molybdenum carbide and reduced graphene oxide electrocatalysts for efficient hydrogen evolution ［J］. Nature Communications, 2016, 7 (1): 11204.

［44］ Vrubel H, Hu X. Molybdenum boride and carbide catalyze hydrogen evolution in both acidic and basic solutions ［J］. Angewandte Chemie International Edition, 2012, 51 (51): 12703-12706.

［45］ Liu Y, Yu G, Li G D, et al. Coupling Mo_2C with nitrogen-rich nanocarbon leads to efficient hydrogen-evolution electrocatalytic sites ［J］. Angewandte Chemie International Edition, 2015, 127 (37): 10902-10907.

［46］ Miao M, Pan J, He T, et al. Molybdenum carbide-based electrocatalysts for hydrogen evolution reaction ［J］. Chemistry, 2017, 23 (46): 10947-10961.

［47］ Liao L, Wang S, Xiao J, et al. A nanoporous molybdenum carbide nanowire as an electrocatalyst for hydrogen evolution reaction ［J］. Energy & Environmental Science, 2014, 7 (1): 387-392.

［48］ Huang Y, Gong Q, Song X, et al. Mo_2C nanoparticles dispersed on hierarchical carbon microflowers for efficient electrocatalytic hydrogen evolution ［J］. ACS Nano, 2016, 10 (12): 11337-11343.

［49］ Li M, Wang H, Zhu Y, et al. Mo/Mo_2C encapsulated in nitrogen-doped carbon nanofibers as efficiently integrated heterojunction electrocatalysts for hydrogen evolution reaction in wide pH range ［J］. Applied Surface Science, 2019, 496: 143672.

［50］ Humagain G, Macdougal K, Macinnis J, et al. Highly efficient, biochar-derived molybdenum carbide hydrogen evolution electrocatalyst ［J］. Advanced Energy Materials, 2018, 8

(29): 1801461.

[51] Li M, Zhu Y, Wang H, et al. Ni strongly coupled with Mo_2C encapsulated in nitrogen-doped carbon nanofibers as robust bifunctional catalyst for overall water splitting [J]. Advanced Energy Materials, 2019, 9 (10): 1803185

[52] Li G, Sun Y, Rao J, et al. Carbon-tailored semimetal MoP as an efficient hydrogen evolution electrocatalyst in both alkaline and acid media [J]. Advanced Energy Materials, 2018, 8 (24): 1801258.

[53] Xiao P, Sk M A, Thia L, et al. Molybdenum phosphide as an efficient electrocatalyst for the hydrogen evolution reaction [J]. Energy & Environmental Science, 2014, 7 (8): 2624-2629.

[54] Jiang Y, Lu Y, Lin J, et al. A hierarchical MoP nanoflake array supported on Ni foam: a bifunctional electrocatalyst for overall water splitting [J]. Small Methods, 2018, 2 (5): 1700369.

[55] Liu B, Li H, Cao B, et al. Few layered N, P Dual-doped carbon-encapsulated ultrafine MoP nanocrystal/MoP cluster hybrids on carbon cloth: an ultrahigh active and durable 3D self-supported integrated electrode for hydrogen evolution reaction in a wide pH range [J]. Advanced Functional Materials, 2018, 28 (30): 1801527.

[56] Du C, Shang M, Mao J, et al. Hierarchical MoP/Ni_2P heterostructures on nickel foam for efficient water splitting [J]. Journal of Materials Chemistry A, 2017, 5 (30): 15940-15949.

[57] Liu B, Li H, Cao B, et al. Few layered N, P dual-doped carbon-encapsulated ultrafine MoP nanocrystal/MoP cluster hybrids on carbon cloth: an ultrahigh active and durable 3D self-supported integrated electrode for hydrogen evolution reaction in a wide pH range [J]. Advanced Functional Materials, 2018, 28 (30): 1801527.

[58] Chen J, Sun K, Zhang Y, et al. Plasmonic MoO_2 nanospheres assembled on graphene oxide for highly sensitive SERS detection of organic pollutants [J]. Analytical and Bioanalytical Chemistry, 2019, 411 (13): 2781-2791.

[59] Liu X, Ni K, Niu C, et al. Upraising the O $2p$ orbital by integrating Ni with MoO_2 for accelerating hydrogen evolution kinetics [J]. ACS Catalysis, 2019, 9 (3): 2275-2285.

[60] Xie X, Yu R, Xue N, et al. P doped molybdenum dioxide on Mo foil with high electrocatalytic activity for the hydrogen evolution reaction [J]. Journal of Materials Chemistry A, 2016, 4 (5): 1647-1652.

[61] Chen X, Liu G, Zheng W, et al. Vertical 2D $MoO_2/MoSe_2$ core-shell nanosheet arrays as high-performance electrocatalysts for hydrogen evolution reaction [J]. Advanced Functional Materials, 2016, 26 (46): 8537-8544.

[62] Wang L, Cao J, Lei C, et al. Strongly coupled 3D N-doped MoO_2/Ni_3S_2 hybrid for high current density hydrogen evolution electrocatalysis and biomass upgrading [J]. ACS Applied Materials & Interfaces, 2019, 11 (31): 27743-27750.

[63] Zhao G, Rui K, Dou S X, et al. Heterostructures for electrochemical hydrogen evolution reaction: a review [J]. Advanced Functional Materials, 2018, 28 (43): 1803291.

[64] Liang Q, Zhong L, Du C, et al. Interfacing epitaxial dinickel phosphide to 2D nickel thiophos-

phate nanosheets for boosting electrocatalytic water splitting [J]. ACS Nano, 2019, 13 (7):
7975-7984.

[65] Lyu F, Bai Y, Li Z, et al. Self-templated fabrication of CoO-MoO$_2$ nanocages for enhanced
oxygen evolution [J]. Advanced Functional Materials, 2017, 27 (34): 1702324.

[66] Yang G, Jiao Y, Yan H, et al. Interfacial engineering of MoO$_2$-FeP heterojunction for highly
efficient hydrogen evolution coupled with biomass electrooxidation [J]. Advanced Materials,
2020: 2000455.

[67] Zhao H, Li Z, Dai X, et al. Heterostructured CoP/MoO$_2$ on Mo foil as high-efficiency electro-
catalysts for the hydrogen evolution reaction in both acidic and alkaline media [J]. Journal of
Materials Chemistry A, 2020: 6732-6739.

2 铁掺杂二氧化钼/三氧化钼/泡沫镍 复合材料的制备及性能

2.1 引言

不可再生化石燃料能源的过度使用增加了全球应对气候变化的必然性及能源短缺的可能性。氢作为一种可再生清洁能源，具有高能量密度，燃烧产生无污染、可循环利用的水，被广泛认为是绿色能源发展的未来趋势[1-3]。与传统的热化学分解水制氢技术的特点和天然气重整工艺流程相比，水分解反应中的析氢可解决能源短缺问题，并有可能实现持续供应清洁能源的目标[4,5]。水电解过程中最高效的析氢催化剂包括贵金属和稀有金属，如市售的钯、钌、铂及其合金。因此，开发具有优异催化性能、性价比高且含量丰富的电催化剂来代替贵金属用于析氢或析氧已成为当下研究的热点[6,7]。

近年来，过渡金属电极，如过渡金属基的碳化物[8]、硫化物[9]、氧化物[10]和氮化物[11]，因其具有非凡的催化性能而被广泛研究。在这些催化剂中，环保的钼基氧化物因具有优异的催化活性、高电导率和电化学稳定性而备受关注，被视为有前景的催化材料。作为一种特殊的半导体材料，二氧化钼在价带中含有较活跃的自由电子，能够引入氧空位和降低 Mo—O 的能垒，并在析氧或是析氢中显现出优良的活性[12]。然而，钼基电催化剂仍存在催化稳定性低及电导率和活性比表面积小等问题[13]。因此，需要设计一种有效策略以改变催化剂表面的电子活跃环境，从而使催化剂在析氧或是析氢中暴露出相当多的活性位点，以此提高电催化水分解的速率[14,15]。

形成原位生长的外延异质结不失为提高催化剂的析氢或者析氧活性的一剂良方。外延异质结在具有大量固有催化边缘位点的同时，还可以在催化过程中提供较大的活性比表面积。外延异质结界面可以紧密结合的这一特点，为两种材料之间的电子转移提供了可能性[16]。此外，外延异质结的协同效应可以优化中间催化 H* 物质的吸附能力，改变催化剂表面的电子环境，并具有优于单组分钼酸盐的析氢或析氧催化性能[17]。金属元素掺杂被视为是优化催化剂电子结构和提高电子转移速率的一种有效途径。它能有效地改善析氢或者析氧的反应动力学。金属离子掺杂可以促进 H* 的吸附和解吸，加速电子转移，并改善催化过程中材料的物理结构稳定性[18]。

受此启发，本章用便捷的两步法设计和合成铁掺杂且具有外延生长异质结纳米片。通过 X 射线光电子能谱（XPS）、扫描电子显微镜（SEM）、X 射线衍射（XRD）和扫描电子显微镜（TEM）等技术对合成的纳米片进行表征。这种纳米片能够表现出非凡的析氢和析氧性能，并且具有优越的长期稳定性。

2.2 铁掺杂二氧化钼/三氧化钼/泡沫镍复合材料的制备

将泡沫镍（NF）切成 1cm×2cm 的小块，放入 3mol/L 盐酸溶液中连续浸泡 24h，以蚀刻泡沫镍并去除表面氧化物。用去离子水和乙醇分别超声处理 16min。随后，将上一步处理完的泡沫镍放入 60℃ 的真空烘箱中干燥，即可得到刻蚀的泡沫镍（ENF）。

将 8mmol 钼酸钠（Ⅱ）二水合物、1mmol（Ⅲ）无水氯化铁和一定量的 NH_4F 和 H_2NCONH_2 混合物进行混合，随后将固体混合物倾入 60mL 去离子水中。将上述混合物连续搅拌 40min，再超声处理 15min，以期在自然环境中形成分布均匀的溶液。将上述均匀的溶液倒入 100mL 的不锈钢高压釜聚四氟乙烯衬中，并在其中放入两片经过处理的 ENF，密封。随后，先将高压釜置于 200℃ 环境中保温 24h，再在自然环境中将其冷却至室温。冷却后，用去离子水清洗 ENF 表面的红褐色物质，并在 50℃ 的真空干燥箱中放置 10h，得到铁钼前驱体（Fe-Mo 前驱体/ENF）。

将一片 Fe-Mo 前驱体/ENF 加入至氧化铝方形瓷舟中，并将其置于透明陶瓷管中央。随后，在 90% Ar/10% H_2 气流中以 4℃/min 的升温速率将熔炉加热到 400℃，到达目标温度后继续保温 2h。结束后，在自然环境中冷却至室温，即可获得 $Fe-MoO_2/MoO_3/ENF$ 样品，制备路线如图 2.1 所示。

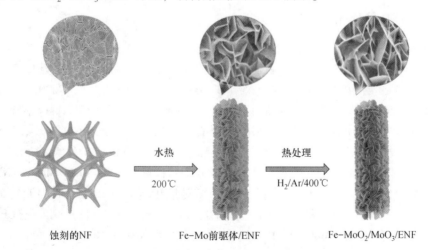

水热
200℃

热处理
$H_2/Ar/400℃$

蚀刻的NF　　　　　　　Fe-Mo前驱体/ENF　　　　　　Fe-MoO_2/MoO_3/ENF

图 2.1 Fe-MoO_2/MoO_3/ENF 材料的制备路线示意图

为了进行对比，使用与上述合成 Fe-MoO_2/MoO_3/ENF 相同的方法合成 MoO_2/MoO_3/ENF，不同之处在于合成 Fe-Mo 前驱体/ENF 过程中未添加无水氯化铁。采用与上述制备 Fe-MoO$_2$/MoO$_3$/ENF 相同的方式合成 Fe-MoO$_3$/ENF，只是使用 Ar 流代替 90% Ar/10% H$_2$ 的气流。

2.3 表征设备及方法

在 gemini500（Carl-Zeiss）上用扫描电镜（SEM）观察制备材料的微观形貌。运用日本 Rigakud/Max-2500 型单色的 Cu K_α 射线衍射仪对得到样品的晶体结构进行分析。在 Tecnai G2 F20 FEI 仪器上进行透射电子显微镜（TEM）、高分辨的透射电镜（HRTEM）和元素面扫。用单色 Al K_α 辐射的 EscaLab Xi+进行 XPS 测试以确定其化学成分。

所有的电化学测试均在室温下用传统的三电极体系接入辰华电化学工作站进行。以一片在 ENF 上生长的材料作工作电极，其催化活性接触面积为 1.0cm^2。将商用石墨棒用作对电极，将 Ag/AgCl（饱和 KCl）作参比电极，并将其浸入 1mol/L KOH 电解质中。采用线性扫描伏安法（LSV）分别以 5mV/s 的扫描速率测定 HER 和 OER 的电催化剂活性。所有测量电位均表述为可逆的氢电极（RHE），校准参数基于公式：$E(\text{vs. RHE}) = E(\text{vs. Ag/AgCl}) + 0.197 + 0.059 \times \text{pH}$。电化学阻抗谱（EIS）的 Nyquist 曲线是在期望的电位条件下测定的，其频率区间是 1~100000Hz。分别在 100.0mA/cm^2 和 50.0mA/cm^2 的电流密度下对催化剂进行 OER 和 HER 长期稳定性测定。

2.4 材料的化学组成和结构分析

2.4.1 XRD 分析

XRD 用于检测制备材料的晶体结构。如图 2.2（a）所示，通过简单的水热法在 ENF 上生长了 Fe-Mo 前驱体，可以看到 3 个高强度特征峰，其中 76.4°、51.9°和 44.5°的 2θ 角分别对应于 Ni（JCPDS，No.04-0850）的（220）、（200）和（111）晶面。除了 3 个 Ni 的特征峰外，其余特征峰很好地对应了 Fe$_{2+2}$Mo$_{3+4}$O$_8$（JCPDS，No.36-0526），这一结果暗示材料在 ENF 上生长较好。如图 2.2（b）所示，经过煅烧以后，制备的 Fe-MoO$_2$/MoO$_3$/ENF、MoO$_2$/MoO$_3$/ENF 和 Fe-MoO$_3$/ENF 样品的 XRD 图谱，除了 3 个 Ni 的特征峰外，Fe-MoO$_2$/MoO$_3$/ENF 和 MoO$_2$/MoO$_3$/ENF 光谱中的其他特征峰分别对应于 MoO$_2$(100) 和（102）晶面（JCPDS，No.50-0739）和 MoO$_3$(110)、（021）、（130）和（111）晶面（JCPDS，No.05-0508）。而 Fe-MoO$_3$/ENF 样品的 XRD 图谱仅仅存在 MoO$_3$ 和基底 Ni 的峰，这一结果暗示了 Fe-MoO$_2$/MoO$_3$/ENF 材料可能形成了 MoO$_2$ 和 MoO$_3$ 的异质结构。与 MoO$_2$/MoO$_3$/ENF 相比，Fe-MoO$_2$/MoO$_3$/ENF 特征峰明显移至较低的衍射角，这可能是由于 Fe 的掺入改变了材料晶格常数，使材料发生了偏移，这意味着 Fe 掺入氧化钼材料中[19]。

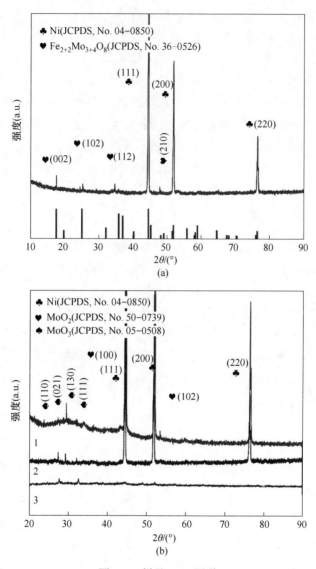

图 2.2　样品 XRD 图谱

（a）Fe-Mo 前驱体/ENF 的 XRD；（b）Fe-MoO$_2$/MoO$_3$/ENF、MoO$_2$/MoO$_3$/ENF 和 Fe-MoO$_3$/ENF 的 XRD 图　1—Fe-MoO$_2$/MoO$_3$/ENF；2—Fe-MoO$_3$/ENF；3—MoO$_2$/MoO$_3$/ENF

2.4.2　XPS 分析

XPS 数据显示了材料表面的电子状态和元素的化学组成。如图 2.3（a）所示，Fe-MoO$_2$/MoO$_3$/ENF 材料中的 Mo 3d 被分解成 4 个峰。这些峰中心结合能在 233.53eV/230.28eV 处能够很好地对应 MoO$_2$ 的键，在 235.4eV 和 232.28eV 处，

对应于 MoO_3 的键[20]。与 $Fe-MoO_2/MoO_3/ENF$ 相比，$Fe-MoO_2/MoO_3/ENF$ 的结合能偏移了 0.17eV，这可能是由于 Fe 掺杂到材料中，与 Mo—O 键周围的电子产生相互作用导致电荷重新分布[46]。Fe 2p XPS 光谱如图 2.3（b）所示，$Fe-MoO_2/MoO_3/ENF$ 和 $Fe-MoO_3/ENF$ 材料含有 Fe^{3+} $2p_{1/2}$、Fe^{3+} $2p_{3/2}$ 和 Fe^{2+} 峰，分别位于 723.45eV、712.29eV 和 704.7eV。Fe^{3+} 的存在意味着 Fe 可能掺入氧化钼材料中，而 Fe^{2+} 的存在被归因于未被掺杂的 Fe^{3+} 由于氢气的还原形成了 Fe_2O_3。另外，Ni 2p XPS 光谱如图 2.3（c）所示，显而易见，Ni^{3+} 的典型特征峰位于 874.77eV 和 857.33eV。材料的卫星峰分别出现在 879.93eV 和 861.73eV 处，而 872.89eV 和 855.54eV 的峰很好地对应了 Ni^{2+}。

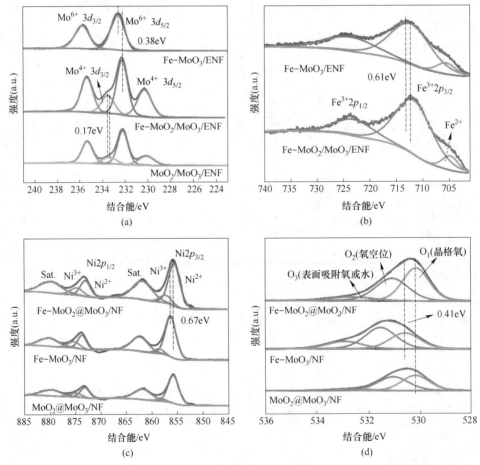

图 2.3　样品 XPS 图谱

（a）$Fe-MoO_2/MoO_3/ENF$、$MoO_2/MoO_3/ENF$ 和 $Fe-/MoO_3/ENF$ 的 Mo 3d XPS 图谱；（b）$Fe-MoO_2/MoO_3/ENF$ 和 $Fe-/MoO_3/ENF$ 的 Fe 2p XPS 光谱；（c）$Fe-MoO_2/MoO_3/ENF$、$MoO_2/MoO_3/ENF$ 和 $Fe-/MoO_3/ENF$ 的 Ni 2p XPS 光谱；（d）$Fe-MoO_2/MoO_3/ENF$、$MoO_2/MoO_3/ENF$ 和 $Fe-/MoO_3/ENF$ 的 O 1s XPS 光谱

Fe-MoO$_2$/MoO$_3$/ENF 的 O 1s 光谱能被分解成 3 个特征峰，如图 2.3（d）所示。在 530.13eV、531.07eV 和 532.66eV 处的特征峰中心分别对应于晶格氧（O$_1$）、氧空位（O$_2$）和表面吸附氧或者水（O$_3$）[21]。从图 2.3 中可以清楚地看出，Fe-MoO$_2$/MoO$_3$/ENF、MoO$_2$/MoO$_3$/ENF 和 Fe-MoO$_3$/ENF 材料都具有一定量的氧空位，并且一定量的高氧空位在碱性条件下有利于 HER 和 OER[22]。但是，在含有一定比例的 O$_2$ 的情况下，高摩尔分数的 O$_1$ 极其有利于析氢，这与计算的 O$_1$ 和 O$_2$ 摩尔分数一致。与 Fe-MoO$_3$/ENF 材料相比，Fe-MoO$_2$/MoO$_3$/ENF 材料的结合能分别出现了不同程度的偏移，其中 Mo、Fe、Ni 和 O 元素分别向较低结合能移动 0.38eV、0.61eV、0.67eV 和 0.41eV，这可能是由于 MoO$_2$ 和 MoO$_3$ 界面电子的重新排布，使得界面上的电子密度增加，形成了异质结构。

2.5 材料的微观形貌分析

为了进一步观测制备样品的微观形貌，用扫描电镜（SEM）观察 NF 的形态特征（见图 2.4），其表面非常光滑且有少量的凸起，制备的材料难以生长在其表面。而将 NF 的光滑表面蚀刻 24h 后，表面上出现明显的不规则裂纹，这些裂纹可提高材料附着力，如图 2.5（a）所示。水热处理 24h 后获得的 Fe-Mo 前驱体/NF 的 SEM 结果表明，材料表面明显生长为垂直排列的层状结构，纳米片长度约为 1~3mm，如图 2.5（b）所示。大量垂直分布的层状结构可以极大地提高材料表面与溶液的接触面积，改善催化剂表面的活性位点，加速材料的电子转移。如图 2.5（c）所示，氢气还原后，Fe-MoO$_2$/MoO$_3$/ENF 样品的表面形态没有明显变化，这意味着材料具有很好的耐高温属性。

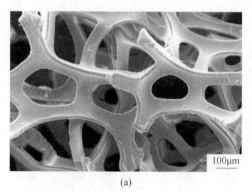
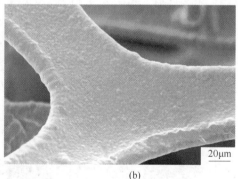

(a)　　　　　　　　　　　　　　　　　(b)

图 2.4　泡沫镍扫描电镜图

（a）NF 的低分辨的 SEM 图；（b）高分辨的 SEM 图

通过 TEM 观测 Fe-MoO$_2$/MoO$_3$/ENF 催化剂材料的微观结构，如图 2.6（a）所示。可以看到超薄片状结构，其中附着了约 20nm 的黑色颗粒。如图 2.6（b）

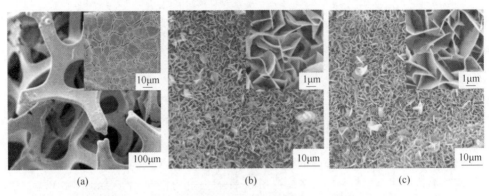

图 2.5　样品扫描电镜图

(a) ENF 的 SEM 图像；(b) Fe-Mo 前驱体/ NF 的 SEM 图像；(c) Fe-MoO₂/MoO₃/ENF 的 SEM 图像

所示，采用 HRTEM 观察材料的局部区域，明显交错的晶格条纹和间距为 0.199nm、0.591nm 和 0.236nm，分别对应于 MoO_3(200)、Fe_2O_3(103) 和 MoO_2 (002) 晶面。Fe_2O_3 的出现可能是未掺杂的 Fe 残留在催化剂表面后形成氧化铁引起的。Fe-MoO_2/MoO_3/ENF 表现出交错的晶格条纹，其晶格间距为 0.219nm，0.175nm 和 0.198nm，分别对应于 MoO_2(101)、MoO_2(102) 和 MoO_3(200) 晶面，如图 2.6 (c) 所示。这些 MoO_2 和 MoO_3 交错的晶格条纹，意味着合成了异质结。如图 2.6 (d) 所示，对代表性区域进行了选择区域电子衍射 (SAED)，并观察到明显的衍射环，分别对应于 MoO_2(102) 和 (100) 晶面，MoO_3(200) 和 (260) 晶面平面和 NiO (311) 晶面，与 HRTEM 观察到的结果一致。此外，HAADF-STEM (见图 2.6 (e)) 和元素映射 (见图 2.6 (f)) 显示，Mo、Fe、O 和 Ni 分布在制备的 Fe-MoO_2/MoO_3/ENF 纳米片上。这些结果意味着 Fe 掺杂的 MoO_2 和 MoO_3 的异质结构成功合成。

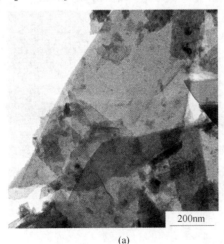

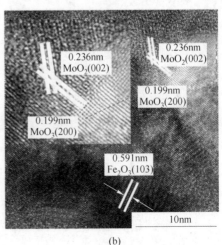

(a)　　　　　　　　　　　　　　　(b)

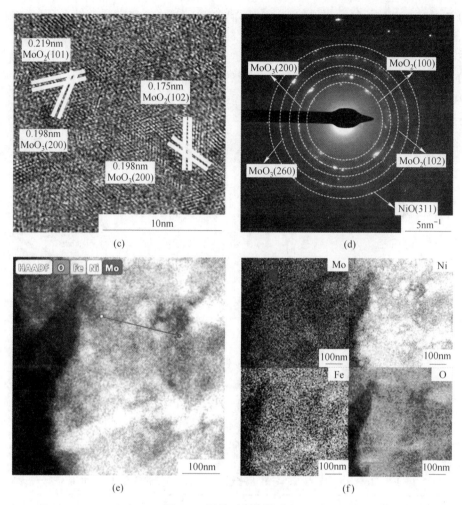

图 2.6 样品透射电镜表征

（a）Fe-MoO$_2$/MoO$_3$/ENF 的 TEM 图像；（b），（c）Fe-MoO$_2$/MoO$_3$/ENF 的 HRTEM 图像；

（d）Fe-MoO$_2$/MoO$_3$/ENF 的 SAED 图像；（e）e-MoO$_2$/MoO$_3$/ENF 的 HAADF-STEM 图像；

（f）相关的元素的面扫

2.6 材料的 HER 电化学性能表征

本小节合成的材料具有独特的片状结构、铁改性材料表面的电子结构以及 MoO$_2$ 和 MoO$_3$ 异质结构的独特垂直排列的优点，因此我们研究了所制备材料的催化性能。LSV 曲线表示具有 IR 校正的 RHE，如图 2.7（a）所示。负载在 ENF 上的 Pt/C 在 10mA/cm^2 处表现出最佳的 HER 催化性能，过电位为 29mV。制备的 Fe-MoO$_2$/MoO$_3$/ENF 在 10mA/cm^2 下需要 36mV 的过电位，显示其拥有好的

HER 活性,并优于目前报道的大多数其他 Mo 基 HER 催化材料(见表 2.1)。Fe-MoO$_2$/MoO$_3$/ENF 材料优于其他催化剂材料,包括 MoO$_2$/MoO$_3$/ENF(η_{10mA/cm^2} = 55mV)和 Fe-MoO$_3$/ENF(η_{10mA/cm^2} = 224mV)。Fe-MoO$_2$/MoO$_3$/ENF 材料的良好 HER 性能归因于该材料在氢还原后形成的 MoO$_2$ 和 MoO$_3$ 异质结,从而增强了催化中间体 H* 的吸附能力,并在催化过程中暴露了其他活性位点。Fe 掺杂优化了材料的电子结构并增强了其电荷转移能力。

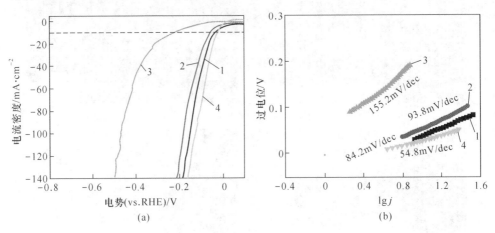

图 2.7　样品析氢性能

(a) 在 1mol/L KOH 中具有 IR 补偿的 Fe-MoO$_2$/MoO$_3$/ENF,MoO$_2$/MoO$_3$/ENF,Fe-MoO$_3$/ENF 和 Pt/C 材料的 HER 极化曲线;(b) Fe-MoO$_2$/MoO$_3$/ENF,MoO$_2$/MoO$_3$/ENF,Fe-MoO$_3$/ENF 和 Pt/C 材料的 Tafel 图

1—Fe-MoO$_2$/MoO$_3$/ENF;2—MoO$_2$/MoO$_3$/ENF;3—Fe-MoO$_3$/ENF;4—Pt/C

表 2.1　Fe-MoO$_2$/MoO$_3$/ENF 与最近报道的代表性电催化剂的 HER 性能进行对比

催化剂	电解质	10mA/cm^2 的过电位/mV	Tafel 曲线/mV·dec^{-1}	参考文献
Fe-MoO$_2$/MoO$_3$/ENF	1.0mol/L KOH	36	84.2	
MoO$_2$@ MoN/NF	1.0mol/L KOH	152	98	[11]
MoSe$_2$/MoO$_2$/Mo	1.0mol/L KOH	142	48.9	[23]
MoO$_2$/PDDA-rGO	0.5mol/L H$_2$SO$_4$	57	42	[24]
Co$_3$Mo 合金	1.0mol/L KOH	68	61.3	[25]
Mo$_{5.9}$Ni$_{94.1}$S/NF	1.0mol/L KOH	60.8	39.2	[26]
Co-MoS$_2$/BCCF-21	1.0mol/L KOH	48	52	[27]

Tafel 斜率是表征催化材料催化性能的重要指标,采用 Origin 软件对 LSV 曲线进一步拟合可得到该斜率。材料的 Tafel 斜率如图 2.7(b)所示,通过 Pt/C 拟合获得的最低 Tafel 斜率是 54.8mV/dec。Fe-MoO$_2$/MoO$_3$/ENF 的 Tafel 斜率值

是 84.2mV/dec，明显小于其他催化剂材料，包括 MoO$_2$/MoO$_3$/ENF（93.8mV/dec）和 Fe - MoO$_3$/ENF（155.2mV/dec）。Fe - MoO$_2$/MoO$_3$/ENF 的 Tafel 斜率为 84.2mV/dec，表明催化剂动力学符合相对应的 Volmer-Heyrovsky 机理[28]。

HER 催化活性与催化剂表面的电子转移相关，材料的催化 HER 活性是基于材料的电催化表面的电子转移速率，而不是催化剂的几何面积。催化剂的比表面积与双层电容（C_{dl}）呈正相关，因此 C_{dl} 可以用作衡量电催化剂表面活性区域的标识。通过扫描速率为 10~70mV/s 的 CV 曲线（见图 2.8（a）~（c））计算可得到 C_{dl}。如图 2.8（d）所示，Fe-MoO$_2$/MoO$_3$/ENF 材料的 C_{dl} 为 217.6mF/cm^2，MoO$_2$/MoO$_3$/ENF 材料的 C_{dl} 为 68.38mF/cm^2，Fe - MoO$_3$/ENF 材料的 C_{dl} 为 0.77mF/cm^2，这一结果暗示了材料拥有较大的比表面积，能够暴露相当多的活

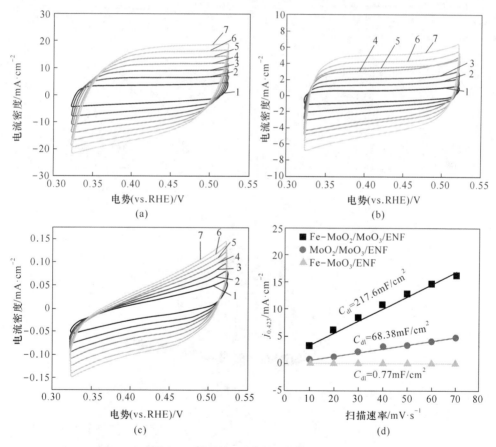

图 2.8 样品的 CV 曲线及双电层电容

（a）Fe-MoO$_2$/MoO$_3$/ENF 的 CV 曲线；（b）MoO$_2$/MoO$_3$/ENF 的 CV 曲线；（c）Fe-MoO$_3$/ENF 的 CV 曲线；

（d）Fe-MoO$_2$/MoO$_3$/ENF、MoO$_2$/MoO$_3$/ENF 和 Fe-MoO$_3$/ENF 的 C_{dl}

1—10mv/s；2—20mv/s；3—30mv/s；4—40mv/s；5—50mv/s；6—60mv/s；7—70mv/s

性位点，增加了析氢活性。与 $MoO_2/MoO_3/ENF$ 和 $Fe-MoO_3/NF$ 材料相比，可以看到 $Fe-MoO_2/MoO_3/ENF$ 的 C_{dl} 值大大提高，这可能是因为异质结和铁掺杂调节了催化剂的电子结构，并暴露出其他催化活性位点，这与该材料测得的 HER 结果一致。

对所制备的催化剂材料进行了电化学阻抗（EIS）研究，以深入了解 HER 过程中的电子转移动力学。EIS 的 Nyquist 曲线在 1~100000Hz 的频率范围内测量催化剂的电阻。计算出的 $Fe-MoO_2/MoO_3/ENF$ 电荷转移电阻（R_{ct}）显示在图 2.9 中，该值低于 $MoO_2/MoO_3/ENF$ 和 $Fe-MoO_3/ENF$ 材料。R_{ct} 的降低，表明电子转移速率越快，$Fe-MoO_2/MoO_3/ENF$ 催化的 HER 活性越好。R_{ct} 低的主要原因：（1）MoO_2 和 MoO_3 异质界面之间的紧密键合，增加了电解质与材料的接触面积，

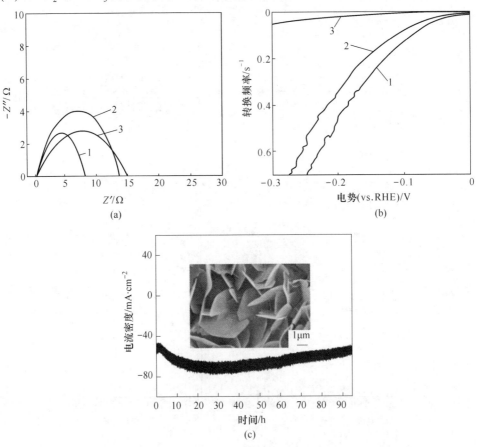

图 2.9　样品的阻抗、转换频率及稳定性表征

（a）在-100mV（vs. RHE）时相应电催化剂的 EIS 谱；（b）TOF 在 105mV 的过电势下的稳定性测试；

（c）$Fe-MoO_2/MoO_3/ENF$ 材料在 105mV 的过电势下的稳定性测试

1—$Fe-MoO_2/MoO_3/ENF$；2—$MoO_2/MoO_3/ENF$；3—$Fe-MoO_3/ENF$

降低了晶界的电阻并加速了材料在电极上的电子转移；（2）Fe-MoO$_2$/MoO$_3$/ENF 垂直排列的片状结构具有较大的比表面积，暴露了该材料的其他活性位点，加速电子的传输；（3）Fe 的掺杂改变了材料周围的电子结构，并改善了 HER 过程的动力学机理；（4）Fe-MoO$_2$/MoO$_3$/ENF 材料具有大量的氧空位，从而减小了带隙，加快了催化剂中间产物间的电子转移速率，并显著提高了催化剂的 HER 活性。

采用电化学方法对材料的转换频率（TOF）进行定量，以评估电催化剂在电解液中的催化性能。通过测试中性磷酸盐缓冲盐水（PBS）中 CV 曲线的结果，可以进一步评估催化剂上活性位点的数量。如图 2.9（b）所示，在 150mV 的过电势下，Fe-MoO$_2$/MoO$_3$/ENF 材料的 TOF 计算值为 0.27s^{-1}，明显高于 MoO$_2$/MoO$_3$/ENF 的 TOF 值（TOF=0.18s^{-1}）和 Fe-MoO$_3$/ENF（TOF=0.013s^{-1}）。在相同的过电势下，Fe-MoO$_2$/MoO$_3$/ENF 材料的活性催化位点约为 Fe-MoO$_3$/ENF 催化剂的 20.8 倍和 MoO$_2$/MoO$_3$/ENF 催化剂的 1.5 倍。上述结果表明，MoO$_2$ 和 MoO$_3$ 界面之间的协同作用显著增强了 HER 的催化活性，而铁掺杂加速了电解质中电子的转移速度，这与 HER 的催化活性一致。

通过测定恒定电压下电流随时间的变化，研究 Fe-MoO$_2$/MoO$_3$/ENF 材料的电化学稳定性。如图 2.9（c）所示，安培 i-t 曲线显示，连续运行 95h 后，电流密度没有明显损失，表明该材料具有良好的耐久性。用 SEM 观察循环后的微观形貌（见图 2.9（c）的插图）表明，与初始形貌相比，材料的微观结构没有明显变化并保持良好。此外，HER 循环 95h 后，对 Fe-MoO$_2$/MoO$_3$/ENF 材料进行的 XPS 分析。如图 2.10（a）所示，Fe-MoO$_2$/MoO$_3$/ENF 材料的 Mo 3d 分解为两个双峰，分别对应于 Mo^{6+} 3$d_{5/2}$、Mo^{6+} 3$d_{3/2}$、Mo^{4+} 3$d_{5/2}$ 和 Mo^{4+} 3$d_{3/2}$。与原始的 Mo 3d 相比，HER 循环后的 Fe-MoO$_2$/MoO$_3$/ENF 的 Mo^{4+} 峰面积明显减小，这可能归因于 Mo^{4+} 被空气氧化为 Mo^{6+}。HER 循环后，Fe-MoO$_2$/MoO$_3$/ENF 的 Fe 2p 和 Ni 2p XPS 图谱（见图 2.10（b）与（c））与原始 Fe-MoO$_2$/MoO$_3$/ENF 的 Fe 2p

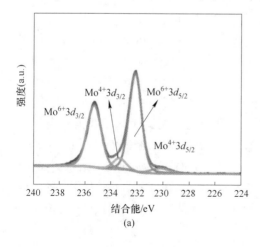

(a)

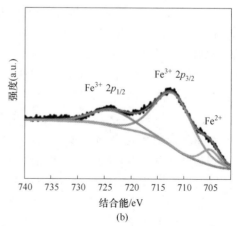

(b)

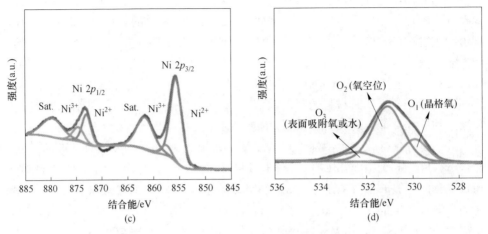

图 2.10　Fe-MoO$_2$/MoO$_3$/ENF 析氢循环后的 XPS 图

(a) Mo 3d；(b) Fe 2p；(c) Ni 2p；(d) O 1s

和 Ni 2p 图谱无显著差异。O 1s 的 XPS 图如图 2.10 (d) 所示，由图可知，HER 循环后的晶格氧含量与原始相比降低了 27.6%。XPS 图对制备的材料表面的表征也有一定的局限性，材料中还存在许多异质结构，因此 Fe-MoO$_2$/MoO$_3$/ENF 表现良好稳定性。

2.7　材料的 OER 电化学和全解水性能表征

如图 2.11 (a) 所示，Fe-MoO$_2$/MoO$_3$/ENF 材料在 100mA/cm^2 下展现的过电位为 310mV，这低于目前报道的大多数 OER 催化剂材料的过电位。相较而言，MoO$_2$/MoO$_3$/ENF、RuO$_2$ 和 Fe-MoO$_3$/ENF 材料在电流密度为 100mA/cm^2 时分别需要 469mV、465mV 和 488mV 的过电位。图 2.11 (b) 显示了根据 LSV 极化曲线拟合的 Tafel 斜率。与 MoO$_2$/MoO$_3$/ENF (58mV/dec)、RuO$_2$ (96.7mV/dec) 和 Fe-MoO$_2$/MoO$_3$/ENF (108.6mV/dec) 的值相比，Fe-MoO$_2$/MoO$_3$/ENF 材料的 Tafel 斜率最低，为 31.7mV，这一结果暗示了材料具有很好的 OER 催化动力学特性。Fe-MoO$_2$/MoO$_3$/ENF 材料展现出良好的 OER 活性能被归结于异质界面暴露较多的活性位点，而且 Fe 的掺杂能够提供电子转移，促进 OER 催化活性。另外，Fe-MoO$_2$/MoO$_3$/ENF 材料的 OER 电化学稳定性测试显示了在恒定电压下电流随时间的变化，如图 2.11 (c) 所示，在 120h 后电流密度下降了 13.8%，表明其稳定性突出。经过长期稳定性测试后，Fe-MoO$_2$/MoO$_3$/ENF 材料仍然具有良好的形貌。长期稳定性测试后的 XPS 结果表明，Mo 3d 峰已分解为两个峰，这可能是因为产生大量的氧气使 Mo^{4+} 氧化成 Mo^{6+}，降低了 OER 活性，这与长期稳定性试验后电流密度降低 13.8% 的结果一致。

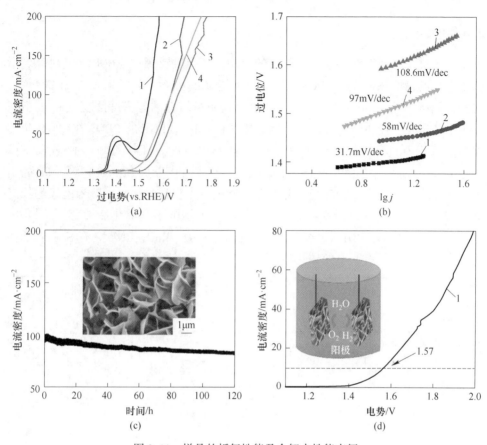

图 2.11　样品的析氧性能及全解水性能表征

（a）在 1mol/L KOH 中具有 IR 补偿的 Fe-MoO₂/MoO₃/ENF、MoO₂/MoO₃/ENF、Fe-MoO₃/ENF 和

Pt/C 材料的 HER 极化曲线；（b）在 1mol/L KOH 中具有 IR 补偿的材料的 Tafel 图；

（c）Fe-MoO₂/MoO₃/ENF 材料的稳定性测试；（d）Fe-MoO₂/MoO₃/ENF 的全解水曲线

1—Fe-MoO₂/MoO₃/ENF；2—MoO₂/MoO₃/ENF；3—Fe-MoO₃/ENF；4—RuO₂

　　由于 Fe-MoO₂/MoO₃/ENF 展现出非凡的 HER 和 OER 性能，推测其具有良好的全解水性能。在这里，如图 2.11（d）所示，将 Fe-MoO₂/MoO₃/ENF 制成阳极和阴极，其在电流密度为 10mA/cm² 时需要 1.57V 的低工作电压，比大多数报道的双功能电催化剂要低。Fe-MoO₂/MoO₃/ENF 电催化剂表现出优异的双功能性能，其原因为：首先，MoO₂ 导体和 MoO₃ 半导体材料在三维泡沫镍基体上的生长增强了材料的电导率，从而提高了 Fe-MoO₂/MoO₃/ENF 材料的电子转移速率并促成了更迅速地电荷转移动力学；其次，铁掺杂改变了材料的表面电子结构，从而增加了电解质中电子的转移；最后，MoO₂ 和 MoO₃ 的异质结构特性为材料提供了更多额外的活性位点和更大的电化学活性比表面积，从而改善 OER 和 HER 性能。

2.8　理论计算

　　为了进一步研究铁掺杂和异质结的影响，用密度泛函理论（DFT）研究了所制备电极的投影态密度（PDOS）和氢吸附能（ΔG_{H^*}）。据图 2.12（a）和（b）可知，用单个 Fe 原子掺杂 MoO_3 会导致费米能级附近的态密度改变。Fe 的引入减小了能带隙，使系统从非磁矩变为磁矩。$Fe-MoO_3/ENF$ 的 PDOS 在 $-1\sim0eV$ 的能量范围内有几个小峰，这些峰是 Fe 原子贡献的。$MoO_2/MoO_3/ENF$ 和 $Fe-MoO_2/MoO_3/ENF$ 中的现象相同，如图 2.12（c）和（d）所示。另外，Fe 的引入导致系统从非磁矩变为磁矩，并在费米能级引入少量附加峰。费米能级的峰对催化剂的活性影响较大，表明掺铁在一定程度上增强了其催化活性范围。另外，与带隙的 $Fe-MoO_3/ENF$ 相比，无带隙的 $Fe-MoO_2/MoO_3/ENF$ 更有利于电子传输，表明异质结具有明显的催化活性。

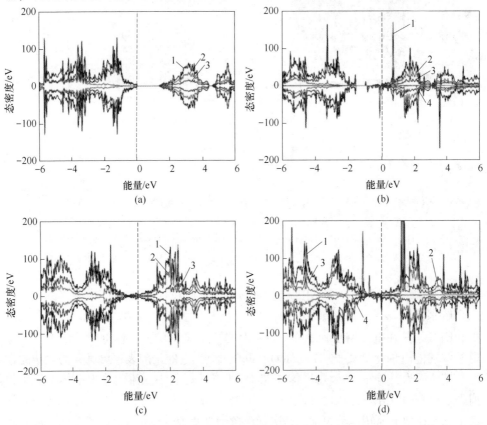

图 2.12　理论计算态密度图

（a）MoO_3/ENF；（b）$Fe-MoO_3/ENF$；（c）$MoO_2/MoO_3/ENF$；（d）$Fe-MoO_2/MoO_3/ENF$

1—总计；2—Mo；3—O；4—Fe

氢吸附能的势垒代表电极的水解动力学活性。ΔG_{H*}越接近0，HER的催化活性越好。如图2.13所示，Fe-MoO$_2$/MoO$_3$/ENF展现出相当低的能垒值为0.08eV，明显的低于MoO$_3$/ENF（0.74eV）、Fe-MoO$_3$/ENF（0.21eV）、MoO$_2$/MoO$_3$/ENF（0.11eV）和Pt（0.09eV）。以上的结果表明材料铁的掺杂和异质结均能降低氢吸附的能垒，增加其HER和OER的催化活性。

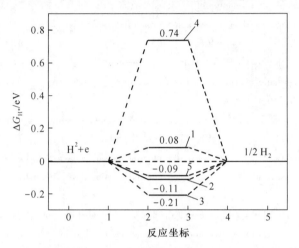

图2.13 MoO$_3$/ENF、Fe-MoO$_3$/ENF、MoO$_2$/MoO$_3$/ENF、Fe-MoO$_2$/MoO$_3$/ENF和Pt的氢吸附能
1—Fe-MoO$_2$/MoO$_3$/ENF；2—MoO$_2$/MoO$_3$/ENF；3—Fe-MoO$_3$/ENF；4—MoO$_3$/ENF；5—Pt

参 考 文 献

[1] Venkateshwaran S, Senthil Kumar S M. Template-driven phase selective formation of metallic 1T-MoS$_2$ nanoflowers for hydrogen evolution reaction [J]. ACS Sustainable Chemistry & Engineering, 2019, 7 (2): 2008-2017.

[2] Yu M, Wang Z, Liu J, et al. A hierarchically porous and hydrophilic 3D nickel-iron/MXene electrode for accelerating oxygen and hydrogen evolution at high current densities [J]. Nano Energy, 2019, 63: 103880.

[3] Qin J F, Yang M, Chen T S, et al. Ternary metal sulfides MoCoNiS derived from metal organic frameworks for efficient oxygen evolution [J]. International Journal of Hydrogen Energy, 2020, 45 (4): 2745-2753.

[4] Zhuang M, Ou X, Dou Y, et al. Polymer-embedded fabrication of Co$_2$P nanoparticles encapsulated in N, P-doped graphene for hydrogen generation [J]. Nano Letters, 2016, 16 (7): 4691-4698.

[5] Deng S, Zhong Y, Zeng Y, et al. Directional construction of vertical nitrogen-doped 1T-2H

MoSe$_2$/graphene shell/core nanoflake arrays for efficient hydrogen evolution reaction [J]. Advanced Materials, 2017, 29 (21): 1700748.

[6] Huang H, Zhou S, Yu C, et al. Rapid and energy-efficient microwave pyrolysis for high-yield production of highly-active bifunctional electrocatalysts for water splitting [J]. Energy & Environmental Science, 2020, 13 (2): 545-553.

[7] Bezerra L S, Maia G. Developing efficient catalysts for the OER and ORR using a combination of Co, Ni, and Pt oxides along with graphene nanoribbons and NiCo$_2$O$_4$ [J]. Journal of Materials Chemistry A, 2020, 8 (34): 17691-17705.

[8] Chi J Q, Gao W K, Lin J H, et al. Porous core-shell N-doped Mo$_2$C@ C nanospheres derived from inorganic-organic hybrid precursors for highly efficient hydrogen evolution [J]. Journal of Catalysis, 2018, 360: 9-19.

[9] Li W, Qi X, Yang H, et al. MoS$_2$ in-situ growth on melamine foam for hydrogen evolution [J]. Functional Materials Letters, 2019, 12 (4): 1950044.

[10] Jiang P, Yang Y, Shi R, et al. Pt-like electrocatalytic behavior of Ru-MoO$_2$ nanocomposites for the hydrogen evolution reaction [J]. Journal of Materials Chemistry A, 2017, 5 (11): 5475-5485.

[11] Sun Y, Zhou Y, Zhu Y, et al. In-situ synthesis of petal-like MoO$_2$@ MoN/NF heterojunction as both an advanced binder-free anode and an electrocatalyst for lithium ion batteries and water splitting [J]. ACS Sustainable Chemistry & Engineering, 2019, 7 (10): 9153-9163.

[12] Li B B, Liang Y Q, Yang X J, et al. MoO$_2$-CoO coupled with a macroporous carbon hybrid electrocatalyst for highly efficient oxygen evolution [J]. Nanoscale, 2015, 7 (40): 16704-16714.

[13] Liu M, Yang Y, Luan X, et al. Interface-synergistically enhanced acidic, neutral, and alkaline hydrogen evolution reaction over Mo$_2$C/MoO$_2$ heteronanorods [J]. ACS Sustainable Chemistry & Engineering, 2018, 6 (11): 14356-14364.

[14] Yang Y, Zhang K, Lin H, et al. MoS$_2$-Ni$_3$S$_2$ heteronanorods as efficient and stable bifunctional electrocatalysts for overall water splitting [J]. ACS Catalysis, 2017, 7 (4): 2357-2366.

[15] Yan K L, Qin J F, Liu Z Z, et al. Organic-inorganic hybrids-directed ternary NiFeMoS anemone-like nanorods with scaly surface supported on nickel foam for efficient overall water splitting [J]. Chemical Engineering Journal, 2018, 334: 922-931.

[16] Zhu C, Wang A L, Xiao W, et al. In situ grown epitaxial heterojunction exhibits high-performance electrocatalytic water splitting [J]. Advanced Materials, 2018, 30 (13): 1705516.

[17] An L, Feng J, Zhang Y, et al. Epitaxial heterogeneous interfaces on N - NiMoO$_4$/NiS$_2$ nanowires/nanosheets to boost hydrogen and oxygen production for overall water splitting [J]. Advanced Functional Materials, 2019, 29 (1): 1805298.

[18] Han X, Yu C, Zhou S, et al. Ultrasensitive iron-triggered nanosized Fe-CoOOH integrated with graphene for highly efficient oxygen evolution [J]. Advanced Energy Materials, 2017, 7 (14): 1602148.

[19] Kong X, Wang N, Zhang Q, et al. Ni-doped MoS$_2$ as an efficient catalyst for electrochemical hydrogen evolution in alkine media [J]. Chemistry Select, 2018, 3 (32): 9493-9498.

［20］ Yan J, Li L, Ji Y, et al. Nitrogen-promoted molybdenum dioxide nanosheets for electrochemical hydrogen generation ［J］. Journal of Materials Chemistry A, 2018, 6 (26): 12532-12540.

［21］ Chen J, Wang F, Qi X, et al. A simple strategy to construct cobalt oxide – based high – efficiency electrocatalysts with oxygen vacancies and heterojunctions ［J］. Electrochimica Acta, 2019, 326: 134979.

［22］ Zhang Z, Chen Y, Dai Z, et al. Promoting hydrogen-evolution activity and stability of perovskite oxides via effectively lattice doping of molybdenum ［J］. Electrochimica Acta, 2019, 312: 128-136.

［23］ Jian C, Cai Q, Hong W, et al. Edge-riched $MoSe_2/MoO_2$ hybrid electrocatalyst for efficient hydrogen evolution reaction ［J］. Small, 2018, 14 (13): 1703798.

［24］ Tian M, Li F, Hu H, et al. Nano-Cu-mediated multi-site approach to ultrafine MoO_2 nanoparticles on poly (diallyldimethylammonium chloride) –decorated reduced graphene oxide for hydrogen evolution electrocatalysis ［J］. Chem. Sus. Chem., 2019, 12 (2): 441-448.

［25］ Chen J, Ge Y, Feng Q, et al. Nesting Co_3Mo binary alloy nanoparticles onto molybdenum oxide nanosheet arrays for superior hydrogen evolution reaction ［J］. ACS Applied Materials Interfaces, 2019, 11 (9): 9002-9010.

［26］ Du C, Men Y, Hei X, et al. Mo-doped Ni_3S_2 nanowires as high-performance electrocatalysts for overall water splitting ［J］. Chem. Electro. Chem., 2018, 5 (18): 2564-2570.

［27］ Xiong Q, Wang Y, Liu P F, et al. Cobalt covalent doping in MoS_2 to induce bifunctionality of overall water splitting ［J］. Advanced Materials, 2018, 30 (29): 1801450.

［28］ Long G F, Wan K, Liu M Y, et al. Active sites and mechanism on nitrogen-doped carbon catalyst for hydrogen evolution reaction ［J］. Journal of Catalysis, 2017, 348: 151-159.

3 二氧化钼-氟化铈/泡沫镍复合材料的制备及性能

3.1 引言

析氢反应（HER）过程中最大的挑战之一是由于催化剂上的负 H* 吸附能在催化过程中释放氢气。例如，H* 吸附（ΔG_{H*}）在纯钼上的负吉布斯自由能阻碍了催化过程中氢的释放。为了提高氢的释放，许多工作都提出了通过适当的改变钼基化合物的电子结构，如钼基氧化物[1]、磷化物[2]、碳化物[3]和钼的合金[4]，从而获得更好的 HER 催化性能。在这些材料中，二氧化钼（MoO_2）由于其优异的耐久性和高导电性而引起了广泛的关注。更重要的是，MoO_2 中的低未占据轨道中心电子组成可以有效地促进水的吸附和解离。尽管具有这些吸引人的特性，但 MoO_2 在酸性和碱性环境中仍然不能表现出非凡的 HER 性能。因此，为了在相对宽的 pH 值范围内实现 MoO_2 的优越的 HER 活性，迫切需要一种有效的方法来修饰 MoO_2 的 d 波段电子结构。

研究表明，在 HER 催化过程中，设计异质结构可以成为调节催化中间体中 H* 解吸和吸附的可行策略[5]。通过构建异质纳米结构，可以有效地增加界面之间的活性位点数量。异质界面之间的协同作用可能导致质子和电子在材料上的加速转移，从而显著提高电催化剂的 HER 性能。此外，非均相界面工程中的双组分结构在相对较高的电流密度下可以表现出良好的耐久性，也可以有效地增强催化剂的 HER 动力学活性[6]。

另一方面，虽然氟化铈（CeF_3）具有良好的光催化性能和导电性，但其在电催化中的催化性能并不理想[7]。CeF_3 具有由 Ce^{3+} 和 Ce^{4+} 组成的活性氧化还原偶，可以通过接收或捐赠电子实现可逆转换，从而获得高的电子迁移率。此外，Ce^{3+} 还能促进 H* 的快速解吸/吸附，有助于在较宽的 pH 值范围内保持良好的结构稳定性。更重要的是，CeF_3 具有良好的稳定性和耐蚀性，可以更好地保持在酸性和碱性条件下[8]。前人的研究结果表明，MoO_2 独特的扭曲金红石结构可以增加其作为用于 HER 方面的贵金属催化剂替代品的潜力。此外，由于传统过渡金属氧化物和其他催化剂（如 MoN、Mo_2C、CoP 等）的精细电子构型，在电催化方面可以取得优异的电子协同效应。鉴于此，可推测 CeF_3 和 MoO_2 的合理电子构型可以显著改善碱性和酸性 pH 值范围内的 HER 活性。

本章提出了一种通过构建新型的结合非贵金属和稀土材料纳米异质结构的方法，用于高性能的产氢。首先在 NF 上采用水热法生长六面体 Ni(OH)₂，然后原位水热生长前驱体纳米片结构。最后，通过优化退火的温度和反应物的量，最终得到 MoO₂-CeF₃/NF 样品。通过一系列的表征和实验结果，可以预见，这项工作将通过设计可持续的过渡金属氧化物和稀土结合的异质结为高性能制氢提供新途径。

3.2 二氧化钼-氟化铈/泡沫镍复合材料的制备

将商用的泡沫镍切成 1cm×2cm 的片，在超声波浴中用 3mol/L HCl、无水乙醇、水分别清洗 20min，用以除去 NF 表面的有机物和氧化物。在室温下，2.0355 g 硝酸镍被溶解于 60mL 的去离子水中得到均匀溶液。然后，反应溶液和已处理 NF 被转移至 100.0mL 的铁氟龙内衬不锈钢高压釜，密封放在 180℃的立式恒温箱中反应 12h。将产物冷却后，洗涤，干燥，获得 Ni(OH)₂/NF 样品。

四水钼酸铵（1.2359g）、氟化铵（0.1482g）、六水硝酸铈（0.25mmol）和尿素（2mmol）先后溶解到 60mL 超纯水中，搅拌 60min，得到分散良好的溶液。在此基础上，将溶液和两个已制备的 Ni(OH)₂/NF 转移到 100.0mL 反应釜中，然后密封放置在 200℃培养箱中 14h。在高压釜自然冷却之后，水热反应产物的表面用水洗涤 5 次。然后将洗涤后的产品在 55℃的立式真空箱中干燥 10h，以获得前驱体。

将所制备的前驱体置于氧化铝舟皿中，然后将舟皿置于管式炉的中心。热处理过程是在 $V_{H_2}/V_{Ar}=1:9$ 的环境下进行的。将温度设置为 450℃，持续 100min，并保持 2h。管式炉自然冷却，将氧化铝舟取出，收集的产物表示为 MoO₂-CeF₃/NF，制备过程如图 3.1 所示。

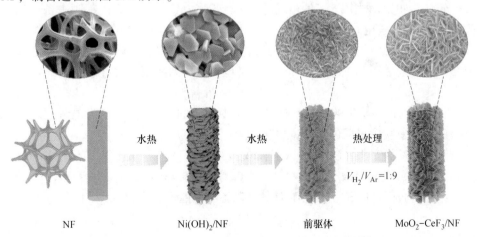

图 3.1 MoO₂-CeF₃/NF 电催化剂的制备方法示意图

为了进行对比，采用与形成 MoO_2-CeF_3/NF 中所述类似的制备方法来制备 $No-MoO_2-CeF_3/NF$。$No-MoO_2-CeF_3/NF$ 合成与 MoO_2-CeF_3/NF 合成唯一的区别是在制备 $Ni(OH)_2/NF$ 时排除了硝酸镍。使用与制备 MoO_2-CeF_3/NF 中所述类似的制备方法来制备 MoO_2/NF 和 $MoO_2-CeF_3-0.5/NF$，MoO_2/NF 和 $MoO_2-CeF_3-0.5/NF$ 合成的唯一区别是前驱体形成过程中六水合硝酸铈的量不同，分别为 0mmol 和 0.5mmol。使用与用于合成 MoO_2-CeF_3/NF 所描述的相似的制备方法来制备 $MoO_2-CeF_3/NF-400$ 和 $MoO_2-CeF_3/NF-500$。在制备 $MoO_2-CeF_3/NF-400$ 和 $MoO_2-CeF_3/NF-500$ 时，唯一的区别是退火过程中所用的煅烧温度分别为 400℃ 和 500℃。

将质量为 2.016mg 的质量分数为 20% 的 Pt/C 加入含有 360μL 乙醇、120μL 超纯水和 20μL Nafion 的混合溶液中。随后，将制备的混合溶液超声处理 50min，得到均匀的黑色油墨。将黑色油墨缓慢地滴在 Ni 泡沫上，然后在室温下干燥，得到负载量为 2.016mg/cm² 的 Pt/C 催化剂。

3.3 表征设备与方法

使用 SEM 对合成的电催化剂进行微观形貌观察。利用 RIGAKU D/MAX-2500 单色的 Cu K_α 射线衍射仪测定了材料的 XRD 数据。利用 ESCALAB Xi+仪器和 Al K_α 辐射对合成的电催化剂进行了 XPS 分析。使用 Thermo Fischer Talos F200x 进行了 TEM、高分辨率 TEM（HR-TEM）和能量色散 X 射线（EDX）光谱元素映射。

使用电化学分析仪器（CHI 760E, China），在恒温 25℃ 的条件下，采用三电极结构对所有样品进行电化学评估。将所制备的面积为 1cm² 的材料作为工作电极。采用 Ag/AgCl 作参比电极，石墨棒作对电极，介质为 0.5mol/L H_2SO_4 或 1.0mol/L KOH。采用 LSV 在相同的扫描速率（5.0mV/s）下测试制备材料的 HER 数据。在过电位为 100.0mV、频率范围为 $1.0 \sim 10^4$ Hz 的等效电路模型下，利用 Z-View 软件对实测数据的主弧进行拟合，得到了电催化剂的 Nyquist 图。所有测试数据均表示为 RHE，且经过 IR 补偿。LSV 曲线用公式进行修正：

$$E_c = E_t - iR_s \tag{3.1}$$

式中，E_c 为 IR 补偿后的电位；E_t 为试验中实测的实际电位；i 为电流；R_s 为从试验的 EIS 曲线中提取的未校准电极的电阻。

采用循环伏安法（CV）测试了在 $0.323 \sim 0.523$V（vs. RHE）范围内扫描速率分别为 0.02V/s、0.04V/s、0.06V/s、0.08V/s 和 0.1V/s 的双层电容（C_{dl}），测定了电化学表面积（ECSA）。用 C_{dl} 计算所制备的电催化剂的 ECSA，计算公式如下：

$$ECSA^{催化剂} = C_{dl}^{催化剂} / C_s$$

式中，C_s 为假设的理想比电容（$C_s = 0.060$mF/cm²）。

3.4 材料的微观形貌分析

在合成过程中，使用普通的水热方法，在光滑的网状 NF 支架（见图 3.2（a））上生长直径为 5μm 的六边形 Ni(OH)$_2$。通过 XRD 和 SEM（见图 3.2（b））表征在 NF 上生长的六边形 Ni(OH)$_2$。由于支撑在光滑 NF 表面上的材料易于剥落，在这里施加一层 Ni(OH)$_2$ 以促进材料的黏附和生长。如图 3.2（c）所示，再次采用水热法生长宽度为 300nm 的垂直分布的纳米片到 Ni(OH)$_2$/NF 支架上。从图 3.2（d）的 SEM 图像中可以清楚地看到，在 Ar/H$_2$（V_{90}/V_{10}）气氛中煅烧后，纳米薄片的尺寸从最初的 300nm 宽度显著增加到大约 700nm。值得注意的是，MoO$_2$-CeF$_3$/NF 纳米片的尺寸增大表明材料与电解质之间的接触面积增加。这也表明可能存在大量的活性位点，可以显著增强催化活性。

从图 3.2（e）和（f）可以清楚地观察到纳米薄片的轮廓，其厚度约为 10nm。HR-TEM 图像（见图 3.2（g））显示了层间距为 0.242nm 和 0.181nm 的明显晶格条纹，分别对应于 MoO$_2$ 的（020）和（102）面。此外，在 MoO$_2$-CeF$_3$/NF 上，还可以观察到另外两个 0.319nm 和 0.205nm 的层间距，分别对应于 CeF$_3$ 的（111）和（300）面。因此，根据 HR-TEM 图像，CeF$_3$ 和 MoO$_2$ 之间明显的紧密接触，意味着成功合成了 MoO$_2$-CeF$_3$/NF 异质结构。所选区域电子衍射（SAED）（见图 3.2（h））可以进一步确认材料中的 CeF$_3$ 和 MoO$_2$ 相具有良好的

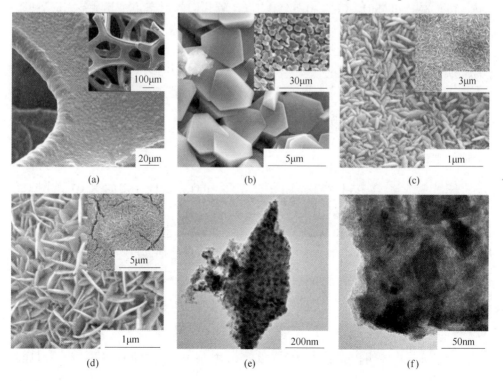

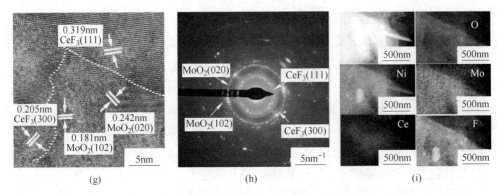

图 3.2　样品显微结构表征

（a）NF；（b）Ni(OH)$_2$/NF；（c）前驱体；（d）MoO$_2$-CeF$_3$/NF 的 SEM 图像；（e），（f）TEM 图像；
（g）HR-TEM 图像；（h）SAED 图像；（i）MoO$_2$-CeF$_3$/NF 的电子图像及其对应的
O、Ni、Mo、Ce 和 F 元素分布

结晶度。在图 3.2（i）中，样品的电子图像及其对应的 EDX 元素图揭示了 MoO$_2$-CeF$_3$/NF 上 F、O、Mo 和 Ni 元素分布均匀。尽管 Ce 的元素映射显示不均匀分布，但这可能是因为 F 的一部分掺杂在 MoO$_2$ 结构中。该 EDX 结果与 TEM 结果非常吻合，表明成功合成了 MoO$_2$-CeF$_3$/NF。此外，还通过 SEM 研究了 MoO$_2$/NF、CeF$_3$/NF 和 MoO$_2$-CeF$_3$-0.5/NF，以比较它们的形态，将其制备完成后，可观察到 MoO$_2$/NF 纳米片的形态明显被破坏，而 CeF$_3$/NF 的表面形态保持完好。该结果表明 CeF$_3$ 可以有效地提高样品对煅烧过程的耐热及稳定性，这有助于保留纳米片的微观形态。MoO$_2$-CeF$_3$-0.5/NF 也可以保留相似的纳米片形态。然而，显而易见，可观测到的纳米片尺寸显著减小，这说明过量 CeF$_3$ 不利于纳米片的扩大。

3.5　材料的化学组成和价态分析

3.5.1　XRD 分析

图 3.3（a）为 CeF$_3$/NF、MoO$_2$/NF 和 MoO$_2$-CeF$_3$/NF 的 XRD 谱图。在 44.5°、51.8° 和 76.4° 的 2θ 值处，NF 有 3 个明显的特征峰。除 NF 产生的 3 个明显的 Ni 峰外，CeF$_3$/NF 和 MoO$_2$/NF 的其他衍射峰分别与 CeF$_3$（JCPDS，No. 70-0002）和 MoO$_2$（JCPDS，No. 78-1069）的衍射峰很好地匹配。从 MoO$_2$-CeF$_3$/NF 的 XRD 谱图中可以看出，MoO$_2$ 和 CeF$_3$ 两组衍射峰同时存在。这表明 MoO$_2$-CeF$_3$/NF 是由 MoO$_2$ 和 CeF$_3$ 组成的，这与图 3.2（g）所示的 HR-TEM 图像一致。

3.5.2　XPS 分析

为了进一步阐明合成电极的价态以及 CeF$_3$ 与 MoO$_2$ 之间的电子效应，对样品

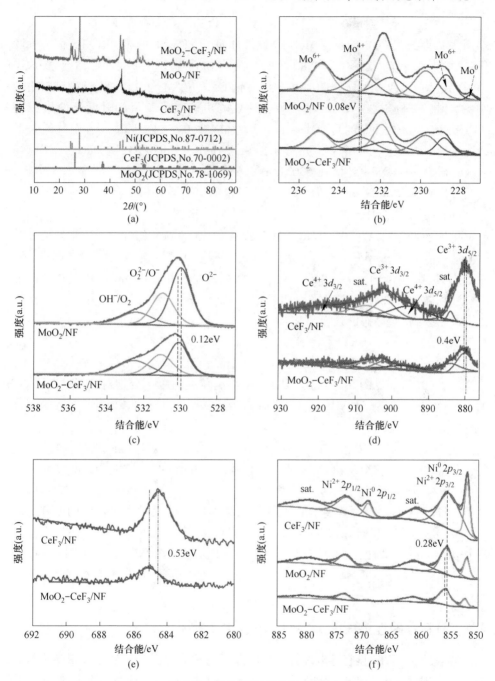

图 3.3 样品 XRD 及 XPS 图谱

(a) XRD 图谱;(b) Mo 3*d* 的 MoO$_2$/NF 和 MoO$_2$-CeF$_3$/NF 的 XPS 图谱;(c) O 1*s* 的 MoO$_2$/NF 和
MoO$_2$-CeF$_3$/NF 的 XPS 图谱;(d) Ce 3*d* 的 CeF$_3$/NF 和 MoO$_2$-CeF$_3$/NF 的 XPS 图谱;(e) F 1*s* 的 CeF$_3$/NF 和
MoO$_2$-CeF$_3$/NF 的 XPS 图谱;(f) CeF$_3$/NF、MoO$_2$/NF 和 MoO$_2$-CeF$_3$/NF 的 Ni 2*p* 峰

进行了 XPS 分析。测量 XPS 谱图表明 MoO_2-CeF_3/NF 中存在 F、O、Ni、Mo 和 Ce 元素。图 3.3（b）显示了 MoO_2/NF 和 MoO_2-CeF_3/NF 的 Mo 3d XPS 谱，可以分成 3 种典型的双峰：228.80/231.66eV（Mo—F 键）[9]、229.75/232.98eV（MoO_2 键）[10] 和 231.94/235.04eV（MoO_3 键）[11]。在 Mo 3d XPS 光谱中可以明显地观察到一个位于 227.65eV 的亚峰，该亚峰可能与由于氢的过度还原形成的 Mo^0 相对应。需要注意的是，Mo—F 键中的 $Mo^{\delta+}$（$0<\delta<4$）归因于在氢气气氛下煅烧过程中 MoO_2 的 F 掺杂。如图 3.3（c）所示，MoO_2/NF 和 MoO_2-CeF_3/NF 的高分辨率 O 1s XPS 光谱在 530.11eV、531.08eV 和 532.53eV 处显示 3 个峰，它们分别对应着 Mo—O 键（O^{2-}）、氧缺陷（O_2^{2-}/O^-）[12] 和来自羟基的或吸附的氧（OH^-/O_2）[13]。MoO_2-CeF_3/NF 的 Ce 3d XPS 谱图如图 3.3（d）所示，该图显示了位于 880.21eV、897.54eV、902.87eV 和 916.76eV 的峰，可以很好地分配给 Ce^{3+} 3$d_{5/2}$、Ce^{4+} 3$d_{5/2}$、Ce^{3+} 3$d_{3/2}$ 和 Ce^{3+} 3$d_{3/2}$。Ce^{3+} 的存在归结于 Ce—F 键，而 Ce^{4+} 的存在归结于 Ce—O 键。此外，与 CeF_3/NF 相比，MoO_2-CeF_3/NF 的卫星峰面积增加（884.24eV）可以明显地归因于 MoO_2 界面的相互作用，这使得 Ce 3d 卫星峰从金属态跃迁至氧化态。

从图 3.3（e）中可以看出，MoO_2-CeF_3/NF 和 CeF_3/NF 的 F 1s XPS 光谱显示分别位于 685.05eV 和 684.52eV 的一个主峰，此结果代表形成了 F—Ce 键[14]。Ni 2p XPS 光谱（见图 3.3（f））显示出 6 个自旋轨道峰，分别对应的归属 NF 的 Ni^0（852.36/869.51eV）因 $Ni(OH)_2$ 的脱水和 NF 的氧化而产生的 Ni^{2+}（855.57/873.43eV），以及两个卫星峰（861.2/879.66eV）[15]。此外，由于 NF 的氧化 MoO_2-CeF_3/NF 和 MoO_2/NF 的 Ni^0 3$p_{3/2}$ 峰面积低于 CeF_3/NF。更重要的是，将 MoO_2-CeF_3/NF 与 CeF_3/NF 进行比较时，MoO_2-CeF_3/NF 中 Mo 3d 和 O 1s 的结合能分别向着较高的结合能稍微偏移了 0.08eV 和 0.12eV。这可能归因于 MoO_2 的相对稳定的电子结构，因此在异质结形成之后仅发生了轻微的偏移。同时，MoO_2-CeF_3/NF 的 Ce 3d、Ni 2p 和 F 1s 的自旋轨道峰分别向较高的结合能偏移 0.4eV、0.28eV 和 0.53eV[16,17]。这些结果暗示了异质结的成功形成以及 CeF_3 和 MoO_2 之间电子的重新分布。CeF_3 和 MoO_2 异质结的合成有助于界面处电子的转移。

3.6 材料在碱性溶液的 HER 电化学性能表征

MoO_2-CeF_3/NF 具有导电性好，异质界面传质能力强，纳米片微观结构接触面积大等优点。由于这些特性，MoO_2-CeF_3/NF 具有成为卓越的 HER 催化剂的巨大潜力。催化剂的电化学测试是在 25℃，1.0mol/L KOH 或 0.5mol/L H_2SO_4 中使用三电极系统进行的。首先在碱性电解质即 1.0mol/L KOH 中研究了这些样品的 HER 电催化性能。图 3.4（a）显示了在碱性介质中经过 IR 校正的样品的极化曲线。Pt/C 在 $10mA/cm^2$ 和 $100mA/cm^2$ 处显示出非常低的过电位，分别为 27mV 和 133mV。相反，在相似的电流密度下，MoO_2-CeF_3/NF 的过电位要低得多，分别为 18mV 和 106mV，这表明 MoO_2-CeF_3/NF 的 HER 催化性能优于 Pt/C。同样，样品剩余部分的过电位也在 $10mA/cm^2$ 和 $100mA/cm^2$ 处确定，结果为：CeF_3/NF（146mV 和 263mV）和 MoO_2/NF（48mV 和 230mV）。该结果清楚地证明了 MoO_2-CeF_3/NF 在所有制备的样品和 Pt/C 中的优越性。与 MoO_2-CeF_3/NF 在 $10mA/cm^2$ 和 $100mA/cm^2$ 处相比，No-MoO_2-CeF_3/NF 具有相对较大的过电位，即 31mV 和 161mV。该结果表明，在 $Ni(OH)_2$ 层支撑的 NF 上，材料的附着和生长可以增强电催化活性。此外，与先前报道的基于 Mo 和 Ce 的材料相比，MoO_2-CeF_3/NF 的过电位极低。

通过 LSV 曲线的线性拟合获得的 Tafel 曲线可评估合成电极的 HER 动力学。MoO_2-CeF_3/NF 的 Tafel 斜率（见图 3.4（b））为 38.91mV/dec，明显的低于所有制备的样品，如 Pt/C（41.13mV/dec）、MoO_2/NF（110.88mV/dec）和 CeF_3/NF（125.64mV/dec）。该结果表明 MoO_2-CeF_3/NF 能够展现出良好的 HER 动力学[18]。

EIS 用于测试样品的电荷转移阻力（R_{ct}），从而评估催化剂在催化过程中的 HER 动力学。拟合的奈奎斯特图（见图 3.4（c））显示 MoO_2-CeF_3/NF 的最小 R_{ct} 值约为 0.7Ω，这表明该材料能够表现出出色的电子传输和 HER 活性。MoO_2-CeF_3/NF 的 R_{ct} 值明显低于 MoO_2/NF（约为 2.04Ω）和 CeF_3/NF（约为 5.9Ω）。MoO_2-CeF_3/NF 的低 R_{ct} 值可归因于两方面：（1）CeF_3 和 MoO_2 间的电子重排和协同作用可以加速释放其他活性位点，以此促进调节电子在异质界面的快速传输；（2）纳米片的微观结构提供了较大的接触面积，可以显著缩短界面之间的电子转移距离，从而增强材料的电导率。

此外，为了进一步探究电催化剂的内在电化学活性，在 $0.323 \sim 0.523V$（vs. RHE）的小电位范围内，根据记录的 CV 曲线计算了材料的 C_{dl}。计算出的 C_{dl} 用于评估样品的 ECSA。如图 3.4（d）所示，MoO_2-CeF_3/NF、MoO_2/NF 和 CeF_3/NF 的 C_{dl} 分别为 $180.34mF/cm^2$、$83.33mF/cm^2$ 和 $1.59mF/cm^2$。C_{dl} 值与 ESCA 呈正相关，C_{dl} 值越高，ESCA 越大。MoO_2-CeF_3/NF 的 C_{dl} 值远优于 MoO_2/NF 和 CeF_3/NF，这表明 MoO_2 和 CeF_3 异质结在电解质/电极界面上提供了相当丰富的活性位点。此外，MoO_2-CeF_3/NF 的 C_{dl} 值略高于 MoO_2-CeF_3-0.5/NF，说明过量的 CeF_3 不利于增强 HER 活性。

采用常规电化学方法测量所制备电极的 CV 曲线，能够量化催化过程中丰富的电催化活性位点，从而计算出 TOF[13]。图 3.4（e）显示了不同电位下所制备电极的 TOF 值。MoO_2-CeF_3/NF 在 145mV 时的 TOF 为 $0.83s^{-1}$，明显高于 Pt/C（$0.53s^{-1}$）、MoO_2/NF（$0.26s^{-1}$）和 CeF_3/NF（$0.05s^{-1}$）。MoO_2-CeF_3/NF 的 TOF 呈线性，表明该材料具有较好的催化活性。

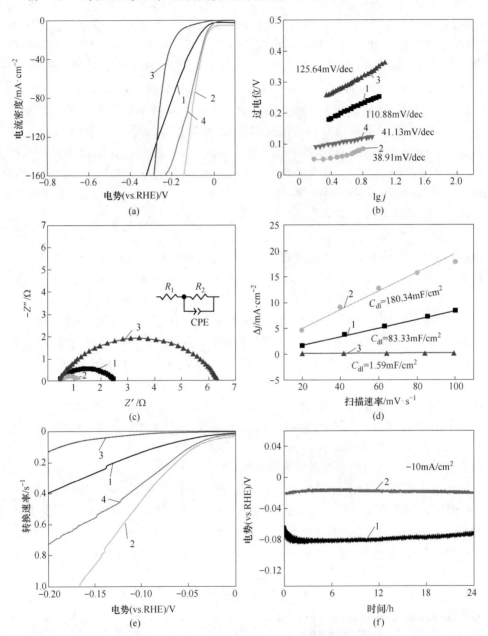

图 3.4   样品在碱性溶液中的电化学析氢性能

（a）MoO_2-CeF_3/NF、MoO_2/NF、CeF_3/NF 和 Pt/C 的 LSV 曲线；（b）MoO_2-CeF_3/NF、MoO_2/NF、

CeF_3/NF 和 Pt/C 的 Tafel 图；（c）-100mV（V vs. RHE）时的奈奎斯特图；（d）MoO_2-CeF_3/NF、

MoO_2/NF 和 CeF_3/NF 的 C_{dl}；（e）MoO_2-CeF_3/NF、MoO_2/NF、CeF_3/NF 和 Pt/C 的 TOF；

（f）MoO_2-CeF_3/NF 和 MoO_2/NF 在-10.0mA/cm^2 的电流密度下在 1.0mol/L KOH 中的 24h 耐久性

1—MoO_2/NF；2—MoO_2-CeF_3/NF；3—CeF_3/NF；4—Pt/C

使用计时电位法研究了 MoO_2-CeF_3/NF 和 MoO_2/NF 的稳定性，如图3.4（f）所示。可明显看出，MoO_2-CeF_3/NF 的电位波动可以忽略不计，而且 MoO_2/NF 在 $10mA/cm^2$ 时能够连续工作24h，电位损失仅仅为25mV。这一结果表明，CeF_3 能够有效地在 MoO_2 的界面上形成保护，抑制电解液的腐蚀，使得合成的 MoO_2-CeF_3/NF 异质结在碱性环境中具有良好的稳定性。

为了进一步探索铈含量对碱性电解质中 MoO_2 和 CeF_3 异质结构的 HER 性能的影响，评估了 MoO_2/NF、MoO_2-CeF_3/NF 和 MoO_2-CeF_3-0.5/NF。根据 LSV 曲线（见图3.5（a）），在 $10mA/cm^2$ 下，MoO_2/NF、MoO_2-CeF_3/NF 和 MoO_2-CeF_3-0.5/NF 的过电位分别为 48mV、18mV 和 31mV。通过线性拟合从 MoO_2/NF、MoO_2-CeF_3/NF 和 MoO_2-CeF_3-0.5/NF 的 LSV 曲线获得的 Tafel 图（见图3.5（b））分别为 110.88mV/dec、38.91mV/dec 和 48.68mV/dec。此外，MoO_2/NF、MoO_2-CeF_3/NF 和 MoO_2-CeF_3-0.5/NF 电极的 EIS 光谱（见图3.5（c））分别显示 R_{ct} 值约为 2.04Ω、0.7Ω 和 0.79Ω。图3.5（d）显示了不同电位下所制备电极

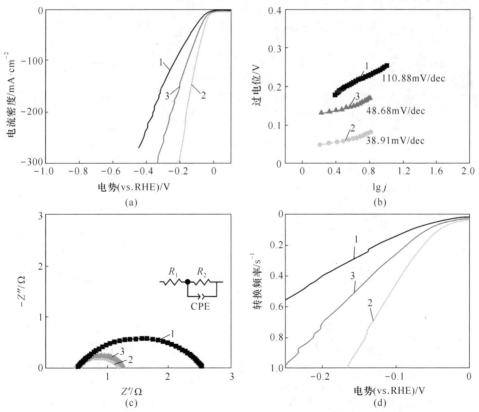

图 3.5　MoO_2-CeF_3/NF、MoO_2/NF 和 MoO_2-CeF_3-0.5/NF 在碱性溶液中的电化学析氢性能
(a) LSV 曲线；(b) Tafel 图；(c) -100mV（V vs. RHE）时的电化学阻抗谱；(d) 在 1mol/L KOH 下相关的 TOF 图
1—MoO_2/NF；2—MoO_2-CeF_3/NF；3—MoO_2-CeF_3-0.5/NF

的 TOF 值。MoO_2/NF、MoO_2-CeF_3/NF 和 $MoO_2-CeF_3-0.5/NF$ 在 145mV 时的 TOF 分别为 $0.26s^{-1}$、$0.83s^{-1}$ 和 $0.45s^{-1}$。

另外,为了进一步探究电催化剂的内在电化学活性,在 $0.323 \sim 0.523V$(vs. RHE)的小电位范围内,根据记录的 CV 曲线(图3.6(a)~(c))计算了材料的 C_{dl},用于评估样品的 ECSA。如图3.6(d)所示,MoO_2/NF、MoO_2-CeF_3/NF 和 $MoO_2-CeF_3-0.5/NF$ 材料的 C_{dl} 分别为 $83.33mF/cm^2$、$180.34mF/cm^2$ 和 $175.01mF/cm^2$。这些结果表明,CeF_3 和 MoO_2 异质结可以大大提高催化活性。然而,MoO_2-CeF_3/NF 电极显示出比 MoO_2/NF 和 $MoO_2-CeF_3-0.5/NF$ 更好的 HER 活性。这表明适当的铈的引入有利于 CeF_3 和 MoO_2 之间形成界面,从而增加可用活性位点的数量,可以实现增强的 HER 活性。

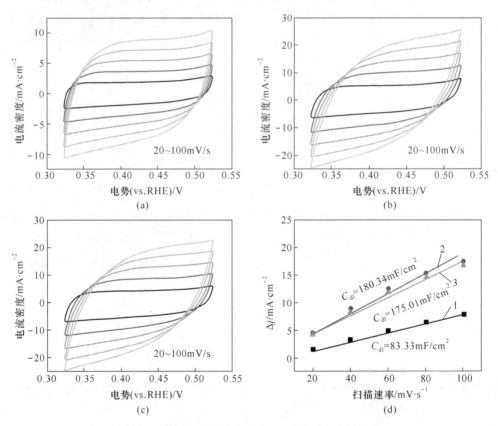

图3.6 样品在碱性溶液中的 CV 曲线及双电层电容

(a)MoO_2/NF 的 CV 图;(b)MoO_2-CeF_3/NF 的 CV 图;(c)$MoO_2-CeF_3-0.5/NF$ 的 CV 图;

(d)在 1mol/L KOH 下 MoO_2-CeF_3/NF、MoO_2/NF 和 $MoO_2-CeF_3-0.5/NF$ 的 C_{dl} 图

1—MoO_2/NF;2—MoO_2-CeF_3/NF;3—$MoO_2-CeF_3-0.5/NF$

3.7 材料在酸性溶液的 HER 电化学性能表征

为了了解在酸性电解质中合成电极的电催化活性，在 0.5mol/L H₂SO₄ 中对电极进行了电化学测试。如图 3.7（a）所示，Pt/C 在 0.5mol/L H₂SO₄ 中的 10mA/cm² 处显示出非常小的 41mV 过电位。此外，MoO₂-CeF₃/NF 的过电位为 42mV，非常接近 Pt/C。但是，可以清楚地观察到，与 MoO₂/NF（84mV）和 CeF₃/NF（147mV）相比，MoO₂-CeF₃/NF 的过电位要好得多。更重要的是，与 Pt/C 相比，MoO₂-CeF₃/NF 在大于 112mA/cm² 的电流密度下显示出更好的 HER 活性。在酸性溶液中，MoO₂-CeF₃/NF 的 HER 活性升高可归因于异质界面大的接触面积，快速的电子传输以及其他活性位点的暴露。

图 3.7（b）显示 MoO₂-CeF₃/NF 和 Pt/C 的 Tafel 斜率分别为 46.05mV/dec 和 34.55mV/dec。这些明显低于 MoO₂/NF（60.14mV/dec）和 CeF₃/NF（132.08mV/dec）。MoO₂-CeF₃/NF 的小 Tafel 斜率与酸性电解液中的 Volmer-Heyrovsky 机理相对应[19]。MoO₂-CeF₃/NF 的 EIS 谱图（见图 3.7（c））的 R_{ct} 值（约为 0.42Ω）低于 MoO₂/NF（约为 0.84Ω）和 CeF₃/NF（约为 11.47Ω）的 R_{ct} 值。MoO₂-CeF₃/NF 表示在酸性溶液中的快速电子转移。如图 3.7（d）所示，MoO₂-CeF₃/NF 显示相当大的 C_{dl}，为 332.58mF/cm²，显著高于 MoO₂/NF（132.12mF/cm²）和 CeF₃/NF（2.28mF/cm²）。该结果清楚地暗示，与在酸性环境中的 MoO₂/NF 和 CeF₃/NF 相比，合成后的 MoO₂-CeF₃/NF 具有更大的 ECSA。MoO₂-CeF₃/NF 如此高的 C_{dl} 可以合理地归因于 CeF₃ 和 MoO₂ 异质界面之间电子的重新分布，这增加了介质和电极之间的接触面积，同时暴露了更多可用的活性位点。

图 3.7（e）给出了在酸性溶液中不同电位下制备好的电极的 TOF 值。MoO₂-CeF₃/NF 在 145mV 时显示的 TOF 为 0.84s⁻¹，分别是 Pt/C（0.71s⁻¹），MoO₂/NF（0.19s⁻¹）和 CeF₃/NF（0.05s⁻¹）的 1.18 倍、4.42 倍和 16.8 倍。MoO₂-CeF₃/NF 的线性 TOF 趋势表明该材料具有较高的电催化活性。由于 Mo 基氧化物在酸性介质中的很难展现出优越的稳定性，可使用计时电位法测试 MoO₂-CeF₃/NF 和 MoO₂/NF 的耐久性。如图 3.7（f）所示，很显然，MoO₂/NF 的稳定性较差，而 MoO₂-CeF₃/NF 的材料在 10mA/cm² 下运行 24h 后，在酸性溶液中的电位损失可忽略不计。这一结果表明，CeF₃ 和 MoO₂ 异质结之间的协同作用使其即使在酸性介质中也能保持良好的稳定性。

为了进一步探索铈含量对酸性电解质中 MoO₂ 和 CeF₃ 异质结构的 HER 性能的影响，评估了 MoO₂/NF、MoO₂-CeF₃/NF 和 MoO₂-CeF₃-0.5/NF。根据 LSV 曲线（见图 3.8（a）），在 10mA/cm² 下，MoO₂/NF、MoO₂-CeF₃/NF 和 MoO₂-CeF₃-0.5/NF 的过电位分别为 84mV、42mV 和 62mV。通过线性拟合从 MoO₂/NF、MoO₂-CeF₃/NF 和 MoO₂-CeF₃-0.5/NF 的 LSV 曲线获得的 Tafel 图（见图 3.8（b））分

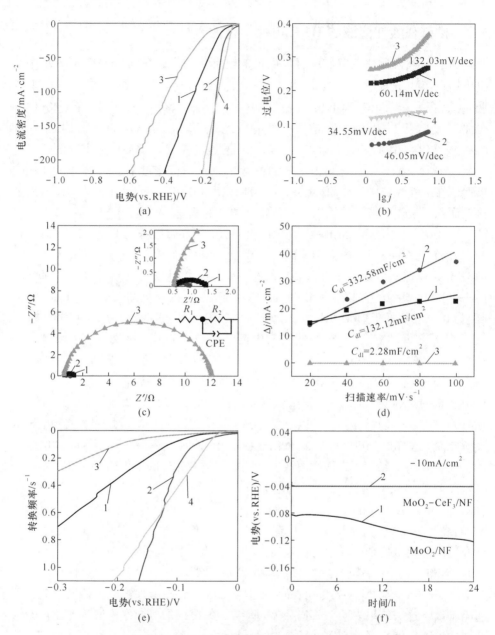

图 3.7 样品在酸性溶液中的电化学析氢性能

（a）MoO_2-CeF_3/NF、MoO_2/NF、CeF_3/NF 和 Pt/C 的 LSV 曲线；（b）MoO_2-CeF_3/NF、MoO_2/NF、

CeF_3/NF 和 Pt/C 的 Tafel 图；（c）$-100mV$（V vs. RHE）时的奈奎斯特图；（d）MoO_2-CeF_3/NF、

MoO_2/NF 和 CeF_3/NF 的 C_{dl}；（e）MoO_2-CeF_3/NF、MoO_2/NF、CeF_3/NF 和 Pt/C 的 TOF；

（f）MoO_2-CeF_3/NF 和 MoO_2/NF 在$-10.0mA/cm^2$ 的电流密度下在 0.5mol/L H_2SO_4 中 24h 的耐久性

1—MoO_2/NF；2—MoO_2-CeF_3/NF；3—CeF_3/NF；4—Pt/C

别为 60.14mV/dec、46.05mV/dec 和 55.31mV/dec。此外，MoO$_2$/NF、MoO$_2$-CeF$_3$/NF 和 MoO$_2$-CeF$_3$-0.5/NF 电极的 EIS 谱图（见图 3.8（c））分别显示 R_{ct} 值约为 0.84Ω、0.42Ω 和 0.5Ω。图 3.8（d）显示了不同电位下所制备电极的 TOF 值。MoO$_2$/NF、MoO$_2$-CeF$_3$/NF 和 MoO$_2$-CeF$_3$-0.5/NF 在 145mV 时的 TOF 分别为 0.19s^{-1}、0.84s^{-1}和 0.32s^{-1}。

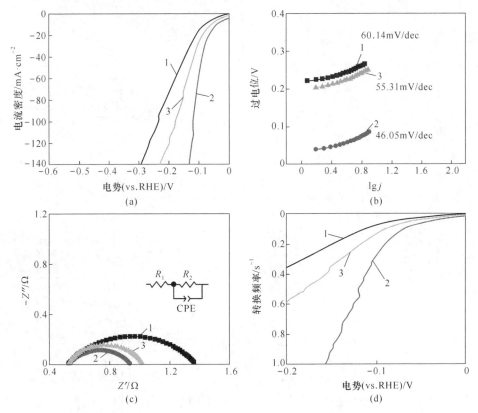

图 3.8 MoO$_2$-CeF$_3$/NF、MoO$_2$/NF 和 MoO$_2$-CeF$_3$-0.5/NF 在酸性溶液中的电化学析氢性能
（a）LSV 曲线；（b）Tafel 图；（c）-100mV（V vs. RHE）时的电化学阻抗谱；
（d）在 0.5mol/L H$_2$SO$_4$ 相关的 TOF 图
1—MoO$_2$/NF；2—MoO$_2$-CeF$_3$/NF；3—MoO$_2$-CeF$_3$-0.5/NF

　　另外，为了进一步探究电催化剂的内在电化学活性，在 0.323~0.523V（vs. RHE）的小电位范围内，根据记录的 CV 曲线（见图 3.9（a）~（c））计算了材料的 C_{dl}，用于评估样品的 ECSA。如图 3.9（d）所示，MoO$_2$/NF、MoO$_2$-CeF$_3$/NF 和 MoO$_2$-CeF$_3$-0.5/NF 材料的 C_{dl} 分别为 132.12mF/cm^2、332.58mF/cm^2 和 180.78mF/cm^2。这些结果表明，CeF$_3$ 和 MoO$_2$ 异质结可以大大提高催化活性。然而，MoO$_2$-CeF$_3$/NF 电极显示出比 MoO$_2$/NF 和 MoO$_2$-CeF$_3$-0.5/NF 更好的 HER 活性。

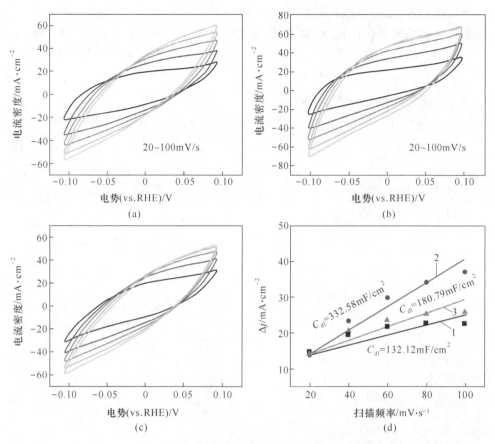

图 3.9 样品在酸性溶液中的 CV 图及双电层电容

（a）MoO$_2$/NF 的 CV 图；（b）MoO$_2$-CeF$_3$/NF 的 CV 图；（c）MoO$_2$-CeF$_3$-0.5/NF 的 CV 图；

（d）在 0.5mol/L H$_2$SO$_4$ 溶液中，MoO$_2$-CeF$_3$/NF、MoO$_2$/NF 和 MoO$_2$-CeF$_3$-0.5/NF 的 C_{dl} 图

1—MoO$_2$/NF；2—MoO$_2$-CeF$_3$/NF；3—MoO$_2$-CeF$_3$-0.5/NF

3.8 材料的循环稳定性

为了研究 MoO$_2$-CeF$_3$/NF 在碱性和酸性电解液中长时间运行后的样品表面形态和化合价态变化，使用了 SEM、XPS 对其分析。如图 3.10（a）～（d）所示，与循环前的初始形态相比，MoO$_2$-CeF$_3$/NF 能够在长时间循环后保持相似的形态。此外，XPS 光谱（见图 3.11（a））显示，MoO$_2$-CeF$_3$/NF 的组成和化合价态在循环前（见图 3.3（b）～（e））和循环后（见图 3.11（b）～（e））保持不变。但是，在酸性溶液中长时间运行后，O 1s 光谱中晶格氧的峰面积比减小，这可能是由于氧化钼与电解质中存在的 H$^+$ 之间的反应。因此，这导致 MoO$_2$-CeF$_3$/NF 中 Mo—O 键的消耗。此外，如图 3.11（f）所示，在 0.5mol/L H$_2$SO$_4$ 中长时间

运行后，Ni^0 2$p_{3/2}$的峰强度显著提高。这可能是由于 MoO$_2$-CeF$_3$/NF 纳米片的强酸性电解质腐蚀部分使基板 NF 暴露出来。因此，基于综合结果可以得出结论，MoO$_2$-CeF$_3$/NF 在酸性和碱性介质中均具有出色的稳定性和 HER 电催化活性。

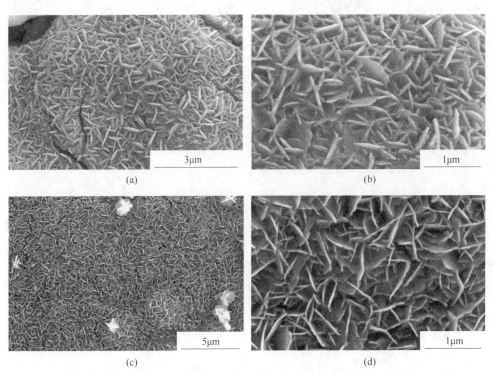

图 3.10　MoO$_2$-CeF$_3$/NF 电极在碱性溶液和酸性溶液中进行 HER 24h 耐久性测试后的 SEM 图像
(a)，(b) 碱性溶液；(c)，(d) 酸性溶液

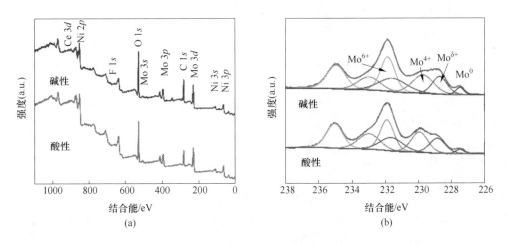

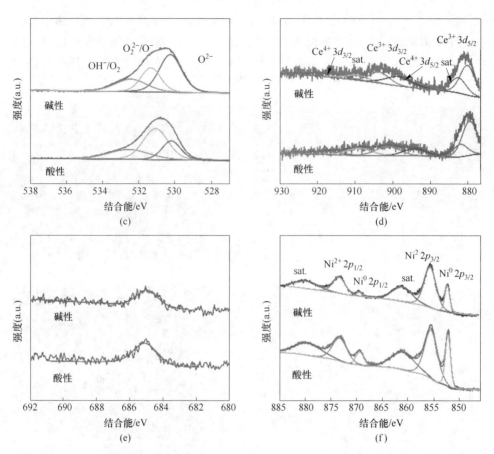

图 3.11 MoO$_2$-CeF$_3$/NF 在 0.5mol/L H$_2$SO$_4$ 和 1.0mol/L KOH 溶液中长期运行后的 XPS 谱

(a) XPS 总谱图;(b) Mo 3d;(c) O 1s;(d) Ce 3d;(e) F 1s;(f) Ni 2p 峰

参 考 文 献

[1] Kumar P, Singh M, Reddy G B. Oxidized core-shell MoO$_2$-MoS$_2$ nanostructured thin films for hydrogen evolution [J]. ACS Applied Nano Materials, 2020, 3 (1): 711-723.

[2] Huang C, Pi C, Zhang X, et al. In situ synthesis of MoP nanoflakes intercalated N-doped graphene nanobelts from MoO$_3$-amine hybrid for high-efficient hydrogen evolution reaction [J]. Small, 2018, 14 (25): 1800667.

[3] Zhou Y, Luo M, Zhang W, et al. Topological formation of a Mo-Ni-based hollow structure as a highly efficient electrocatalyst for the hydrogen evolution reaction in alkaline solutions [J]. ACS Applied Materials & Interfaces, 2019, 11 (24): 21998-22004.

[4] Zhang Q, Li X, Ma Q, et al. A metallic molybdenum dioxide with high stability for surface enhanced Raman spectroscopy [J]. Nature Communications, 2017, 8 (1): 14903.

［5］ Jia Y, Zhang L, Gao G, et al. A heterostructure coupling of exfoliated Ni－Fe hydroxide nanosheet and defective graphene as a bifunctional electrocatalyst for overall water splitting ［J］. Advanced Materials, 2017, 29 (17): 1700017.

［6］ Wu Y, Li F, Chen W, et al. Coupling interface constructions of $MoS_2/Fe_5Ni_4S_8$ heterostructures for efficient electrochemical water splitting ［J］. Advanced Materials, 2018, 30 (38): 1803151.

［7］ Morozov O A, Pavlov V V, Rakhmatullin R M, et al. Enhanced room−temperature ferromagnetism in composite CeO_2/CeF_3 nanoparticles ［J］. physica status solidi (RRL) − Rapid Research Letters, 2018, 12 (12): 1800318.

［8］ Yin X, Utetiwabo W, Sun S, et al. Incorporation of CeF_3 on single−atom dispersed Fe/N/C with oxophilic interface as highly durable electrocatalyst for proton exchange membrane fuel cell ［J］. Journal of Catalysis, 2019, 374: 43−50.

［9］ Qiu Y, Chai L, Su Y, et al. One−dimensional hierarchical MoO_2−MoS_x hybrids as highly active and durable catalysts in the hydrogen evolution reaction ［J］. Dalton Trans, 2018, 47 (17): 6041−6048.

［10］ Jia J, Zhou W, Wei Z, et al. Molybdenum carbide on hierarchical porous carbon synthesized from Cu−MoO_2 as efficient electrocatalysts for electrochemical hydrogen generation ［J］. Nano Energy, 2017, 41: 749−757.

［11］ Shi X, Wu A, Yan H, et al. A "MOFs plus MOFs" strategy toward Co-Mo_2N tubes for efficient electrocatalytic overall water splitting ［J］. Journal of Materials Chemistry A, 2018, 6 (41): 20100−20109.

［12］ Liu Y, Ma C, Zhang Q, et al. 2D Electron gas and oxygen vacancy induced high oxygen evolution performances for advanced Co_3O_4/CeO_2 nanohybrids ［J］. Advanced Materials, 2019, 31 (21): 1900062.

［13］ Zhuang L, Jia Y, He T, et al. Tuning oxygen vacancies in two−dimensional iron−cobalt oxide nanosheets through hydrogenation for enhanced oxygen evolution activity ［J］. Nano Research, 2018, 11 (6): 3509−3518.

［14］ Shen W, Ge L, Sun Y, et al. Rhodium nanoparticles/F−doped graphene composites as multifunctional electrocatalyst superior to Pt/C for hydrogen evolution and formic acid oxidation reaction ［J］. ACS Applied Materials Interfaces, 2018, 10 (39): 33153−33161.

［15］ Wu Y, Tariq M, Zaman W Q, et al. Ni−Co codoped RuO_2 with outstanding oxygen evolution reaction performance ［J］. ACS Applied Energy Materials, 2019, 2 (6): 4105−4110.

［16］ Muthurasu A, Maruthapandian V, Kim H Y. Metal−organic framework derived Co_3O_4/MoS_2 heterostructure for efficient bifunctional electrocatalysts for oxygen evolution reaction and hydrogen evolution reaction ［J］. Applied Catalysis B: Environmental, 2019, 248: 202−210.

［17］ Chen J, Zeng Q, Qi X, et al. High−performance bifunctional Fe−doped molybdenum oxide−based electrocatalysts with in situ grown epitaxial heterojunctions for overall water splitting ［J］. International Journal of Hydrogen Energy, 2020, 45 (46): 24828−24839.

［18］ Thangasamy P, Ilayaraja N, Jeyakumar D, et al. Electrochemical cycling and beyond: unrevealed activation of MoO₃ for electrochemical hydrogen evolution reactions [J]. Chemical Communications, 2017, 53 (14): 2245-2248.

[19] Huang Y, Ge J, Hu J, et al. Nitrogen-doped porous molybdenum carbide and phosphide hybrids on a carbon matrix as highly effective electrocatalysts for the hydrogen evolution reaction [J]. Advanced Energy Materials, 2018, 8 (6): 1701601.

4 二氧化钼-氧化铈/泡沫镍复合材料的制备及性能

4.1 引言

氧化钼虽然具有良好的 HER 催化活性和稳定性，但是其在 OER 领域表现并不令人满意，这会限制其在全解水领域的发展。因此，研发一种高效的催化剂对提高全解水性能意义重大[1,2]。作为全解水电催化剂，过渡金属氧化物（TMO）的魅力在于其易用性、环境友好性、良好的电子迁移率及稳定性等优点。在各种 TMO 中，MoO_2 因其 HER 催化性能引起了广泛关注[3,4]。纵有诸多优良特性，Mo—O 离解键与催化中间体之间会形成牢固的键，导致 MoO_2 的催化性能不尽如人意。提高 MoO_2 的 HER 和 OER 催化性能，需要采取方法以修饰 MoO_2 周围的电子结构，以暴露更多的活性位点并协调 H 原子的解吸。

通常，异质界面的构建被广泛视为制氢材料的有效方法。由于材料中存在异质界面，暴露了额外的边缘活性位，这可能促使氢原子（H*）解吸。此外，形成具有两种不同组分的异质界面可以有效地降低反应的能垒。这可以促进催化中间体的电子或质子迅速转移，从而显著提高 HER 和 OER 的固有动力学活性[5,6]。在各种稀有金属氧化物中，氧化铈 (CeO_x) 本身就是一种很有前途的光催化剂材料。由于其富含氧化态，Ce^{4+} 和 Ce^{3+} 的转化可促进活性电子对的形成或解离。CeO_x 可高效地促进周围活性电子接收和失去，这是必不可少的。更重要的是，CeO_x 中独特的电子结构和丰富的氧空位可以促进电解质中水分子的活化，因此在相对较高的电流密度下也能表现出优异的耐腐蚀性和稳定性[7]。尽管 CeO_x 能够在光催化过程中表现出良好的催化活性和稳定性，但它在还原电势上的催化活性非常差，以至于不适合用作 HER 电催化剂[8]。由于其较差的 HER 性能，单独使用 CeO_x 可能无法实现有效的水分解。

根据先前的研究，由于 MoO_2 独特的外部电子结构，它比稀土氧化物具有更高的 HER 催化活性和稳定性，这使其成为与 CeO_x 杂化的理想材料。在最近的报道中已经证明了将稀土氧化物与其他材料（例如 Mo_2N[9]、Fe_xNi_y[10] 等）杂化的概念，由此观察到的这两种材料之间的细微协同作用可以提高性能。另外，通过精细控制反应条件来提高构造非晶态材料的催化活性是一种合理有效的方法。非晶态材料具有更灵活且不受约束的不饱和键，可以更好地捕获催化氢离子。此外，非晶态材料中局部结构的随机分布可以暴露活性位点并加速中间体的电子转移，从而提高 HER 和 OER 活性[11,12]。因此，基于此基础，有理由推测，非晶态 MoO_2 和 CeO_x 界面的合理组合很可能会获得有前途的 HER 和 OER 双功能催化剂。

本章设计并提出了一种新的不规则锥式结构。它由稀土金属和非贵金属异质结组成，具有丰富的活性界面，是一种高活性、耐用的双功能 HER 和 OER 电催化剂。在不规则锥式结构的界面工程中，首先通过水热法在三维网络结构 NF 上原位生长前驱体的纳米结构异质，第二步在氢气气氛下于 500℃ 退火以获得最终的异质结构 MoO_2-CeO_x/NF。我们预想该研究可提供使稀土金属氧化物与非贵金属氧化物杂化以构造异质结构和丰富氧空位作为高性能水分解电催化剂的新理念。

4.2　二氧化钼-氧化铈/泡沫镍复合材料的制备

分别用 3mol/L 盐酸、乙醇和去离子水对尺寸为 2cm × 1cm 的商用泡沫镍（NFs）进行超声波清洗 25min，以去除 NFs 表面的氧化物和有机杂质。再将 0.2363g 乙酰胺、1.0mmol 钼酸铵、0.1737g 硝酸铈加入 60.0mL 去离子水中，搅拌 30min，得到均匀的溶液。将 3 片清洗过的 NFs 放入混合溶液中，然后将其转移至 100mL 特氟隆衬里的不锈钢高压釜中。密封好的高压釜在 200℃ 的立式烘箱里加热 14h，然后在烘箱中冷却至室温。最后，用去离子水对负载水热产物的纳滤膜表面进行彻底清洗，然后在真空烘箱中 45℃ 烘干 8h 得到前驱体（precursor）。

如图 4.1 所示，在一个典型的制备过程中，两块成型的前驱体样品被放置在氧化铝船上。随后，将船放在管式炉的热源中心，然后在 H_2/Ar（V_{10}/V_{90}）气氛下煅烧。其中，管式炉以 5.0℃/min 的升温速率加热至 500℃，在 500℃ 下维持 120min，自然冷却后得到 MoO_2-CeO_x/NF。

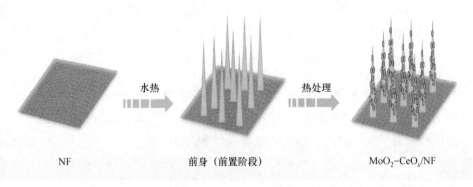

NF　　　　　　　　前身（前置阶段）　　　　　　MoO_2-CeO_x/NF

图 4.1　MoO_2-CeO_x/NF 的制备流程图

为了进行对比，使用与 MoO_2-CeO_x/NF 相似的合成方法来合成 MoO_2/NF，不同之处在于前驱体制备过程中不包括硝酸铈。使用与 MoO_2-CeO_x/NF 相似的合成方法来合成 CeO_x/NF，不同之处在于前驱体制备过程中不加入四水合钼酸铵。

将质量为 2.054mg 质量分数为 20% Pt/C 添加到包含 100μL 去离子水、370μL 乙醇和 30μL Nafion 的均匀混合物中。随后，将混合溶液超声处理 60min 以获得均匀的混合墨水。最后，将墨水滴到预处理的 NF 上，然后在真空中干燥，以获得负载质量为 2.054mg/cm^2 的 Pt/C 电极。使用与 Pt/C 电极类似的合成方法来合成 RuO_2 电极，但要用相同质量的 RuO_2 代替质量分数为 20% 的 Pt/C。

4.3 表征设备及方法

采用日本 Rigaku Dmax-2500 型单色 Cu K_α 辐射对样品进行 XRD 测试。利用卡尔蔡司 Gemini-500 SEM 对制备样品的微观形貌进行了研究。使用 Thermo-Fischer-Talos F200x 进行 TEM、HRTEM 和相应的元素映射。采用带 Al K_α 辐射的 EscaLab Xi+ 装置对样品进行了 XPS 分析。

电化学测试是基于电化学工作站（CHI760E 仪器）连接到典型的三电极设备在 1mol/L KOH 中进行的。在设置中，采用面积为 1.0cm^2 的电极作工作电极。Ag/AgCl 作参比电极，石墨棒作对电极。除非另有说明，否则采用 LSV 来研究电极在 25℃ 下的 HER 和 OER 活性，扫描速率为 5.0mV/s。涉及的所有电势均基于相对氢电极（RHE）。通过使用 Zview 软件拟合记录数据的主电弧，获得样品的 EIS，Zview 软件基于优化的 Randles 等效电路模型，频率范围为 $1 \sim 10^5$Hz。在 5mV/s、10mV/s、15mV/s、20mV/s 和 25mV/s 的不同扫描速率下，在电位范围为 0.421V 到 0.521V（vs. RHE）之间进行 CV 测试，以通过计算倍数来估算 ECSA 制备好的电极的 C_{dl}。如果未特别提及，则所有曲线都将通过 94% IR 校正进行补偿。

DFT 计算使用了交换相关电位的广义梯度近似，投影机增强波方法和平面波基集在维也纳计算软件包（VASP）中实现。平面波的能量截止被设置为 550eV，对于所有计算而言，它足以描述 Ce 中的 $4f$ 电子。自旋极化不包括在此计算中。采用两个 4×4×1 的 k 网格对 3×3×1.5 CeO_2、4×4×1 MoO_2 超级电池和 MoO_2/CeO_2 异质结构的第一个布里渊区进行采样。在优化系统几何形状时，未优化每个超级电池的形状和体积。允许超级电池中的所有原子松弛，直到每个原子的残余力为 0.05eV/nm。

4.4 材料的微观形貌分析

采用常规水热法在三维网状 NF 支架（见图 4.2（a））上实现了纳米球和颗

粒聚集而形成的长度约 1.1μm 的不规则的椎体结构前体（见图 4.2（b））。根据图 4.2（c），SEM 图像显示不规则椎骨结构的形态和尺寸与热退火过程中在 Ar/H$_2$（V_{90}/V_{10}）环境下制备的前驱体的形态和尺寸基本一致。有趣的是，基于高倍率 SEM 图像，由于颗粒的聚集而形成的不规则锥形纳米球在热退火过程后消失了。该观察结果可能归因于颗粒的非晶化趋势和电子的重排，这导致纳米颗粒紧密堆积以形成保护膜。特别地，在材料的表面上负载有纳米颗粒的不规则锥形结构可以增加材料-电解质的接触面积，并且还可以暴露额外的边缘活性位，这可以增强催化活性。

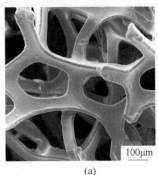  

(a)　　　　　　　　　(b)　　　　　　　　　(c)

图 4.2　样品扫描电镜图

(a) NF；(b) 前驱体；(c) MoO$_2$-CeO$_x$/NF

　　如图 4.3（a）和（b）所示，MoO$_2$-CeO$_x$/NF 的 TEM 图像可以看到在材料表面负载着很多小颗粒。将 TEM（见图 4.3（c））进一步放大能够清晰地看到粒径约为 70nm 的颗粒的形成。如图 4.3（d）所示，SAED 可以有效地验证已制成的 MoO$_2$-CeO$_x$/NF 材料中 MoO$_2$ 和 CeO$_2$ 相的存在。

　　从 HRTEM（见图 4.3（e）和（f））可以观察到可见的晶格间距为 0.191nm、0.215nm 和 0.242nm 的晶格条纹，分别对应于 CeO$_2$ 的（220）面和 MoO$_2$ 的（-212）面和（-211）面。此外，在 HRTEM 中观察到 CeO$_2$ 和 MoO$_2$ 界面之间的明显接触表明 MoO$_2$-CeO$_x$/NF 异质结的制备是成功的。除此之外，在材料的表面发现部分氧空位（Vo），这些氧空位能够加速电子转移，提高催化活性。MoO$_2$-CeO$_x$/NF 的电子图像（见图 4.3（g））及其对应的元素映射（见图 4.3（h）~（j））显示，Mo、O、Ce 元素在 MoO$_2$-CeO$_x$/NF 表面均匀分布。然而，如图 4.3（k）所示，Ni 元素的不均匀分布可能是由于在 NF 基板上不可避免地形成了镍氧化物。由此可见，元素映射结果与 HRTEM 结果一致，进一步说明 MoO$_2$-CeO$_x$/NF 异质结构的制备成功。

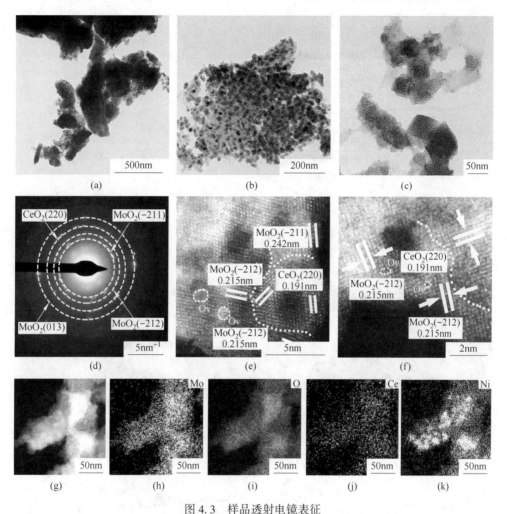

图4.3 样品透射电镜表征

(a)~(c) MoO_2-CeO_x/NF 的 TEM 图像;(d) SAED 图像;(e),(f) MoO_2-CeO_x/NF 的 HR-TEM 图像;
(g) 电子图像;(h) Mo;(i) O;(j) Ce;(k) Ni

4.5 材料的化学组成和结构分析

4.5.1 XRD 分析

图4.4(a)显示了 MoO_2/NF、MoO_2-CeO_x/NF 和 CeO_x/NF 的 XRD 图。在 2θ 值分别为 44.51°、51.85°和 76.37°时,观察到属于 NF 底物的 3 个强子峰(PDF 编号为 04-0850)。除了 NF 的 3 个明显的亚峰外,其余的峰可归因于 MoO_2(PDF No. 32-0671)、CeO_2(PDF No. 34-0394)和其他 Ce 基氧化物的峰。在 MoO_2-CeO_x/NF 中可以清楚地观察到 MoO_2 和 CeO_x 的结晶相,这表明 MoO_2-CeO_x/

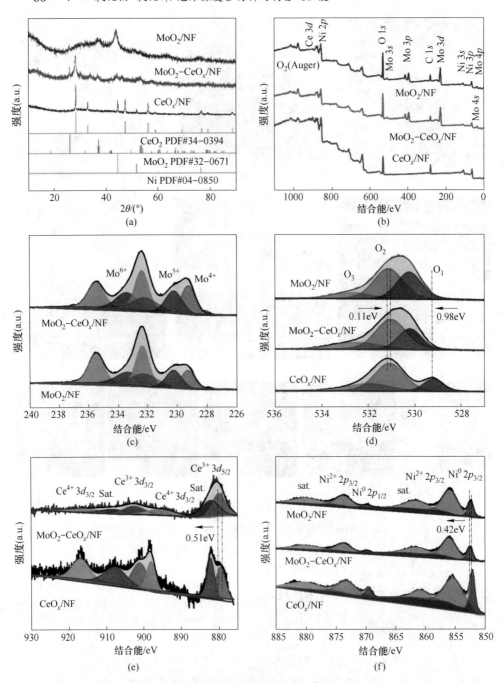

图 4.4   样品 XRD 及 XPS 图谱

(a) MoO$_2$-CeO$_x$/NF、MoO$_2$/NF 和 CeO$_x$/NF 的 XRD 图谱；(b) XPS 总图谱；(c) MoO$_2$/NF 和 MoO$_2$-CeO$_x$/NF 的 Mo 3d XPS 图谱；(d) MoO$_2$-CeO$_x$/NF、MoO$_2$/NF 和 CeO$_x$/NF 的 O 1s XPS 图谱；(e) MoO$_2$-CeO$_x$/NF 和 CeO$_x$/NF 的 Ce 3d XPS 图谱；(f) MoO$_2$-CeO$_x$/NF, MoO$_2$/NF 和 CeO$_x$/NF 的 Ni 2p XPS 图谱

NF 由 MoO_2 和 CeO_x 组成。与该 XRD 结果与 HRTEM 结果一致（见图 4.3（f）），这进一步表明 MoO_2-CeO_x 异质结构的成功形成。另外，CeO_x/NF 相比，MoO_2-CeO_x/NF 的峰面积变宽且明显减弱，意味着材料的非晶化程度增加，这有利于暴露额外的活性位点，增强 HER 和 OER 活性。

4.5.2　XPS 分析

XPS 用于分析 MoO_2/NF、MoO_2-CeO_x/NF 和 CeO_x/NF 的化学价和电子相互作用。如图 4.4（b）所示，MoO_2-CeO_x/NF 的 XPS 图谱表明它由 Mo、Ce、O 和 Ni 元素组成，这与 EDS 结果非常吻合。根据图 4.4（c），MoO_2/NF 和 MoO_2-CeO_x/NF 的 Mo 3d XPS 光谱可以很好地分成为 3 个可区分的二重峰，这对应于由于不可避免的样品表面氧化的 MoO_3 物种（235.45/232.36eV）、MoO_2 物种（232.1/229.22eV）[13]和由于氧空位造成的电子离域 MoO_2 获得的 MoO_{3-x} 物种（233.4/230.2eV）[1]。此外，值得注意的是，由于 MoO_2 电子离域的存在（Mo^{5+}），活性较高的 H^* 可以迅速吸附到 Mo-O 中心上，从而提高 HER 的催化动力学。MoO_2/NF、CeO_x/NF 和 MoO_2—CeO_x/NF 的 O 1s XPS 光谱（见图 4.4（d））显示 3 个强峰，这些峰分别位于 530.23eV、531.04eV 和 532.5eV，他们分别归因于 M—O 键（M=Mo、Ce）的晶格氧（O_1）、氧空位（O_2）和吸附了水分子或羟基（O_3）。根据 XPS 结果，MoO_2/NF 中表面氧空位的比例为 50.05%。当将具有可变价态性质的 CeO_x 掺入材料中时，MoO_2-CeO_x/NF 中表面氧空位的比例增加到 53.14%。该结果显示 Ce 的掺入可以有效地增加材料表面上的氧空位的密度。这些产生的氧空位可在水分子氧化过程中提供有效的活性位点，并加速电子转移过程，从而优化 OER 活性。

进一步探索 MoO_2-CeO_x/NF 和 MoO_2/NF 中表面氧空位的细节，使用电子自旋共振（ESR）光谱在 295K 下检测所制备材料中的未配对电子。如图 4.5 所示，g 的峰值为 1.999，这可以认为是 MoO_2-CeO_x/NF 中的表面氧空位。特别是，与 MoO_2/NF 相比，MoO_2-CeO_x/NF 的 ESR 信号显著增强，这表明材料中氧空位的密度更大。因此，基于该结果，证明了 Ce 的引入可以有效地增加材料表面处的氧空位的密度，这与 XPS 结果一致。

如图 4.4（e）所示，CeO_x/NF 和 MoO_2-CeO_x/NF 的高分辨率 Ce 3d XPS 光谱显示了 6 个自旋轨道峰，分别位于 879.88/902.27eV、882.03/908.06eV、895.43/915.07eV，他们分别对应于 Ce^{3+} 3$d_{5/2}$/3$d_{3/2}$、卫星峰值和 Ce^{4+} 3$d_{5/2}$/3$d_{3/2}$。此外，与 CeO_x/NF 相比，MoO_2-CeO_x/NF 在 882.03eV 处的 Ce 3d 卫星峰的面积减小，这可能是 CeO_x 与 MoO_2 界面相互作用的结果。因此，这将导致卫星峰从氧化态转变为金属态。

如图 4.4（f）所示，MoO_2/NF、CeO_x/NF 和 MoO_2-CeO_x/NF 的 Ni 2p XPS 光谱

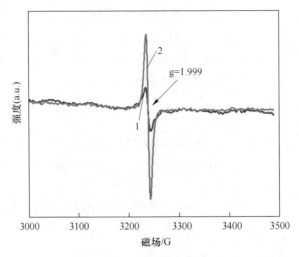

图 4.5 MoO$_2$-CeO$_x$/NF 和 MoO$_2$/NF 的 ESR 图谱

1—MoO$_2$/NF；2—MoO$_2$-CeO$_x$/NF

显示出 3 个强双峰，分别对应于来自 NF 衬底的 Ni^0（869.52/852.62eV）、来自 NF 表面氧化的典型卫星峰（879.98/861.57eV）和 Ni^{2+}（869.82/852.62eV）。此外，与 MoO$_2$/NF 和 MoO$_2$-CeO$_x$/NF 相比，CeO$_x$/NF 的 Ni^0 峰面积增加可能是由于生长在 NF 表面的 CeO$_x$ 颗粒脱落所致。更重要的是，与 MoO$_2$/NF 相比，MoO$_2$-CeO$_x$/NF 的 O 1s-XPS 光谱的结合能向较低的结合能偏移了 0.11eV。相反，与 CeO$_x$/NF 相比，MoO$_2$-CeO$_x$/NF 的 O 1s-XPS 谱的结合能明显地向更高的结合能偏移了 0.98eV。此外，MoO$_2$-CeO$_x$/NF 的 Ni 2p 和 Ce 3d 峰分别负移 0.42eV 和 0.51eV。这些现象表明 MoO$_2$-CeO$_x$/NF 异质结的成功合成，电子在 MoO$_2$ 和 CeO$_x$ 之间的界面发生了重分布[14]。电子在 MoO$_2$ 和 CeO$_x$ 异质界面上的重分布可以有效地提高电子传质速率，增加边缘活性中心的数量，从而提高催化能力[15,16]。

4.6 材料在碱性溶液的 HER 电化学性能

MoO$_2$-CeO$_x$/NF 由于具有优异的电子传质能力，丰富的氧空位和高活性的异质界面，推测 MoO$_2$-CeO$_x$/NF 应该是一种优良的水裂解电催化剂。制备样品的电化学评估是基于一个典型的三电极装置，该装置在 1mol/L KOH 中连接到一个 CHI760E 仪器。经过 IR 补偿后的制备样品的 LSV 曲线如图 4.6（a）所示。Pt/C 在 10mA/cm^2 和 50mA/cm^2 处的过电位分别为 27mV 和 72mV 时，表现出优越的 HER 性能。相比之下，制备的 MoO$_2$-CeO$_x$/NF 电催化剂的 HER 性能略优于 Pt/C，其在 10mA/cm^2 和 50mA/cm^2 处的过电压分别为 26mV 和 62mV。另一方面，其余样品的过电位高于 MoO$_2$-CeO$_x$/NF 和 Pt/C，说明它们在 10mA/cm^2 和 50mA/cm^2 时的 HER 性能较差。结果表明：MoO$_2$/NF（$\eta_{-10}=52\text{mV}$，$\eta_{-50}=111\text{mV}$）、CeO$_x$/NF

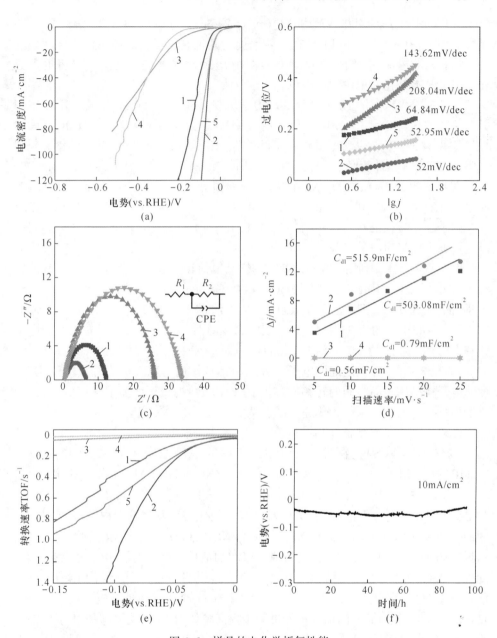

图 4.6　样品的电化学析氢性能

（a）LSV 曲线；（b）MoO_2-CeO_x/NF、MoO_2/NF、CeO_x/NF、Pt/C 和 NF 的 Tafel 图；（c）在 -100.0mV 时
进行的奈奎斯特图（V vs. RHE）；（d）MoO_2-CeO_x/NF、MoO_2/NF、CeO_x/NF 和 NF 的 C_{dl}；

（e）MoO_2-CeO_x/NF、MoO_2/NF、CeO_x/NF、Pt/C 和 NF 的 TOF；

（f）MoO_2-CeO_x/NF 在 1.0mol/L KOH 中在 -10.0mA/cm^2 下 95h 的稳定性

1—MoO_2/NF；2—MoO_2-CeO_x/NF；3—CeO_x/NF；4—NF；5—Pt/C

（$\eta_{-10}=196\text{mV}$，$\eta_{-50}=400\text{mV}$）和 NF（$\eta_{-10}=245\text{mV}$，$\eta_{-50}=384\text{mV}$）。这一结果明显表明 MoO$_2$-CeO$_x$/NF 和 Pt/C 在性能上优于其他制备材料。更令人印象深刻的是，在相同的电流密度下，MoO$_2$-CeO$_x$/NF 记录的过电位显著低于先前报道的 Mo 或 Ce 基电催化剂记录的过电位。

为了更深入地了解 HER 过程的动力学机制，根据拟合 LSV 曲线得到的 Tafel 斜率来评估制备样品在 HER 过程中的速率决定步骤。根据文献，HER 过程的 Tafel 斜率有 3 个经典步骤，即 Volmer 步骤、Heyrovsky 步骤和 Tafel 步骤，分别对应的 Tafel 斜率计算值，约为 120mV/dec、40mV/dec 和 30mV/dec。从图 4.6（b）可以看出，MoO$_2$-CeO$_x$/NF 的 Tafel 斜率值为 52mV/dec，明显低于其他制备样品 Pt/C（52.95mV/dec）、MoO$_2$/NF（64.84mV/dec）、CeO$_x$/NF（208.04mV/dec）和 NF（143.62mV/dec）。这一结果表明 MoO$_2$-CeO$_x$/NF 具有较低的催化势垒，可以更快地表现其动力学机理。

根据欧姆定律，利用 EIS 测试获得的样品电荷转移电阻（R_{ct}）来评价 1mol/L KOH 中电催化的 HER 动力学。MoO$_2$-CeO$_x$/NF 的 Nyquist 图（见图 4.6（c））R_{ct} 最低为 5.94Ω，明显低于 CeO$_x$/NF（约为 25.59Ω）、MoO$_2$/NF（约为 11.76Ω）和 NF（约为 33.15Ω）。这表明制备的 MoO$_2$-CeO$_x$/NF 具有快速的电子转移能力和优异的 HER 活性。MoO$_2$-CeO$_x$/NF R_{ct} 低的原因可以解释为：（1）CeO$_x$ 与 MoO$_2$ 界面之间的电子再分配和相互作用可以在边缘释放活性因子，加速电子在异质界面之间的转移；（2）纳米锥微结构显著增加了材料-电解液的接触面积，大大减少了电子传递途径，从而加快了电子传递动力学。

此外，为了研究制备样品的固有 HER 活性，根据 CV 曲线计算制备电极的 C_{dl}，以估算其 ECSA。在 CV 测试中，使用的电势范围为 0.421V 和 0.521V（vs. RHE）。如图 4.6（d）所示，MoO$_2$-CeO$_x$/NF、MoO$_2$/NF、CeO$_x$/NF 和 NF 的 C_{dl} 分别为 515.9mF/cm^2、503.08mF/cm^2、0.79mF/cm^2 和 0.56mF/cm^2。由于 C_{dl} 与 ECSA 呈正相关，大的 C_{dl} 表明材料具有大的比表面积，这对电化学过程是有用的。通过计算，MoO$_2$-CeO$_x$/NF 比 MoO$_2$/NF 和 CeO$_x$/NF 表现出更大的 C_{dl} 值，这说明 MoO$_2$ 和 CeO$_x$ 异质结构的形成可以增加活性区域，暴露更多的活性位点。此外，MoO$_2$/NF 的 C_{dl} 值明显大于 CeO$_x$/NF，这说明 MoO$_2$ 可能在 HER 的催化性能提升中发挥了重要作用。由此可见，尽管 MoO$_2$/NF 衬底具有较大的 ECSA 和良好的电子转移，CeO$_x$ 的加入仍能进一步提高整体 HER 性能。这是因为当 CeO$_x$ 引入到 MoO$_2$ 衬底时，形成了异质界面，这导致 CeO$_x$ 与 MoO$_2$ 界面协同作用下电子转移速率的增加和 HER 的增强。

利用简便的电化学方法得到的 CV 图，量化了磷酸盐缓冲介质（pH=7）中催化反应的有效活性位点数量，从而计算出转换频率（TOF）。如图 4.6（e）所示，在 100mV 时，MoO$_2$-CeO$_x$/NF 的 TOF 值为 1.19s^{-1}，分别是 CeO$_x$/NF（0.023s^{-1}）、MoO$_2$/NF（0.38s^{-1}）、NF（0.008s^{-1}）和商用 Pt/C（0.61s^{-1}）的 51.74

倍、3.13 倍、148.75 倍和 1.95 倍。MoO_2-CeO_x/NF 的线性趋势和较高的 TOF 值表明，在所有制备的催化剂中，MoO_2-CeO_x/NF 具有良好的 HER 催化能力。

此外，为了确定制备样品在 HER 过程中的稳定性，在 $10mA/cm^2$ 的计时电位测定中，研究了 MoO_2-CeO_x/NF 在长期连续运行过程中的 HER 活性。如图 4.6 (f) 所示，连续运行 95h 后 MoO_2-CeO_x/NF 的潜在损失可以忽略不计，这说明 MoO_2-CeO_x/NF 材料在碱性介质中具有出色的耐久性。为了进一步分析 MoO_2-CeO_x/NF 在碱性介质中长时间操作后的化学成分和表面形貌的变化，应用了 XPS、SEM 和 TEM。MoO_2-CeO_x/NF 的 SEM 图像表明，与原始材料的初始形貌相比，材料在长时间连续运行后仍能保持均匀的形貌。经过长时间连续运行的 MoO_2-CeO_x/NF 的 TEM 图像显示，MoO_2 和 CeO_x 晶格平面与 HER 运行前一致。此外，在经过长时间操作后的 MoO_2-CeO_x/NF 的 XPS 光谱 (见图 4.7 (a)~(d)) 中，可以观察到与 HER 操作前相似的价态和化学组成。综上所述，制备的 MoO_2-CeO_x/NF 具有优越的 HER 活性和耐久性。

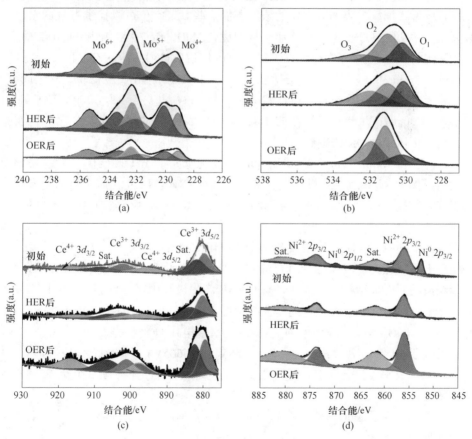

图 4.7　MoO_2-CeO_x/NF 在 HER 和 OER 循环后的 XPS 图谱

(a) Mo 3d；(b) O 1s；(c) Ce 3d；(d) Ni 2p

4.7　材料在碱性溶液 OER 和全解水电化学性能

为了研究所制备材料的 OER 性能，在碱性电解液中对材料进行了简单的电化学测试。具有代表性的极化曲线（见图 4.8（a））显示了所制备催化剂的外加电位与电流密度之间的对应关系。令人印象深刻的是，MoO_2-CeO_x/NF 能够表现出明显优于 RuO_2 催化剂和其他制备的催化剂的 OER 性能。此外，如图 4.6（b）所示，它可以直观地确定 MoO_2-CeO_x/NF 在 $100mA/cm^2$ 处具有 OER 低过电压（272mV），相比更优于 MoO_2/NF（$\eta_{100}=428mV$）、CeO_x/NF（$\eta_{100}=474mV$）、NF（$\eta_{100}=617mV$），RuO_2（$\eta_{100}=393mV$）。此外，所制备的 MoO_2-CeO_x/NF 的 OER 性能也优于之前报道中列出的大多数 OER 电催化剂。MoO_2-CeO_x/NF 表现出这样杰出的 OER 性能可以归因于 MoO_2 的交互和协同效应和 CeO_x 异质界面，从而增加了有效电解质与材料接触面积，增加额外的暴露的边缘活动位点和加速氢氧根离子在阳极的捕获和氧气在碱性溶液的释放。另一方面，这意味着 CeO_x 整合可以有效地增加材料表面氧空位的浓度，而这些氧气空位可以提供有效的水分子的氧化和活跃的网站加速电子传递，从而优化 MoO_2-CeO_x/NF 整个 OER 活动。

从图 4.8（c）可以看出，在小过电位区域内，MoO_2-CeO_x/NF 的 Tafel 斜率非常低，为 33.92mV/dec，这是所报道的基准材料体系中最低的，分别低于 MoO_2/NF（146.34mV/dec）、CeO_x/NF（160.98mV/dec）、NF（209.52mV/dec）和 RuO_2（90.97mV/dec）。较低的 Tafel 斜率值表明 MoO_2-CeO_x/NF 比其他制备材料具有更优越的 OER 催化机理[17]。

此外，在 $100mA/cm^2$ 下，采用计时电位法研究了 MoO_2-CeO_x/NF 的长期耐久性（见图 4.8（d））。结果表明，MoO_2-CeO_x/NF 在碱性介质中连续运行 58h 后，其电势损失约为 11.2%，表明 MoO_2-CeO_x/NF 在碱性介质中具有较好的耐久性能。

因此，MoO_2-CeO_x/NF 表现出优越的 HER 和 OER 性能，从而推断 MoO_2-CeO_x/NF 可以作为一种耐用和可行的双功能催化剂用于整个电催化水分解过程。采用经典的双电极结构，以 MoO_2-CeO_x/NF 作阴极和阳极，研究其在碱性介质中的整体水分解性能。值得注意的是，根据图 4.8（e），在 $10mA/cm^2$ 和 $20mA/cm^2$ 时，$MoO_2-CeO_x/NF//MoO_2-CeO_x/NF$ 的全水解电压分别低至 1.397V 和 1.47V，这大大优于 $Pt/C@NF//RuO_2@NF$（1.58V 和 1.665V）和 $MoO_2/NF//MoO_2/NF$（1.56V 和 1.63V），也低于大多数之前报道的双功能催化剂在相同电流密度下的全水解电压值。

此外，研究了 $MoO_2-CeO_x/NF//MoO_2-CeO_x/NF$ 作为水分离体系的长期电化学耐久性（见图 4.8（f））。$MoO_2-CeO_x/NF//MoO_2-CeO_x/NF$ 在 $20mA/cm^2$ 条件下运行 120h 后的电压衰减可以忽略不计，而 $MoO_2/NF//MoO_2/NF$ 在相同电流密

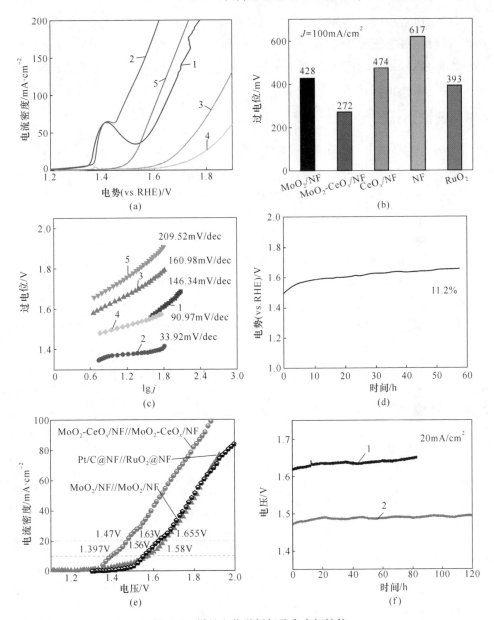

图 4.8 样品电化学析氧及全水解性能

（a）LSV 曲线；（b）100mA/cm² 处的对应过电位；（c）MoO₂-CeO_x/NF、MoO₂/NF、CeO_x/NF、Pt/C 和 NF 的 Tafel 图；（d）MoO₂-CeO_x/NF 在 1.0mol/L KOH 中运行 58h 时在 100.0mA/cm² 下的稳定性；（e）对于没有 IR 补偿的整个水分解过程，Pt/C@NF//RuO₂@NF、MoO₂/NF//MoO₂/NF 和 MoO₂-CeO_x/NF//MoO₂-CeO_x/ NF 的 LSV 曲线；（f）MoO₂-CeO_x/NF//MoO₂-CeO_x/NF 和 MoO₂-CeO_x/NF 在 20mA/cm² 下在 1.0mol/L KOH 中的稳定性

1—MoO₂/NF；2—MoO₂-CeO_x/NF；3—CeO_x/NF；4—NF；5—RuO₂

度下运行80h后的电压衰减显著,这意味着MoO_2表面形成了CeO_x保护层,可以防止材料被电解质缓慢的侵蚀,可增强材料的耐久性。综上所述,MoO_2-CeO_x/NF是一种很有前途和实用的双功能催化剂,可以在碱性介质中实现高性能的水分解性能。

4.8 理论计算

使用经典的 DFT 计算出制备 MoO_2-CeO_x 材料中氧空位和异质结对催化活性的影响。其中,如图4.9(a)~(d)所示,分别展示了单独 MoO_2,具有氧空位的 MoO_2(Vo-MoO_2)、单独的 CeO_x 和有氧空位的 MoO_2-CeO_x 异质结(Vo-MoO_2-CeO_x)的模型图和对应的投影态密度(PDOS)图(见图4.9(e))。在这里,MoO_2、Vo-MoO_2 和 Vo-MoO_2-CeO_x 的 PDOS 在能带结构中没有带隙,这意味着他们具有优良的金属特性,而有带隙的 CeO_x 和 Vo-CeO_x 不利于电子的转移。另外,与 MoO_2 相比,分别引入了氧空位的 Vo-MoO_2 在费米能级附近有明显的峰,这意味着氧空位能增强导电率。除此之外,形成 Vo-MoO_2-CeO_x 异质结后,在费米能级附近的峰有明显的增加且向低能量方向有少量偏移,这种现象意味着形成异质结能够增加电子的转移和电子由二氧化铈向二氧化钼进行转移,这

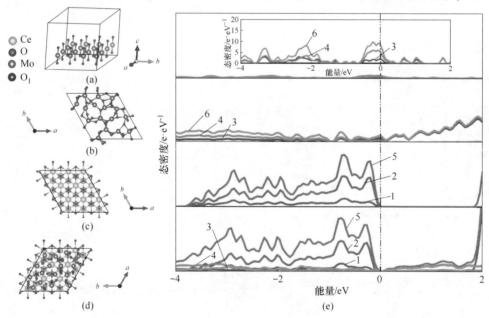

图4.9 理论计算模型及态密度图

(a) MoO_2 的计算模型图;(b) Vo-MoO_2 的计算模型图;(c) CeO_x 的计算模型图;(d) Vo-MoO_2-CeO_x 的
计算模型图;(e) MoO_2、Vo-MoO_2、CeO_x 和 Vo-MoO_2-CeO_x 的 PDOS 图

1—Ce-tot;2—O-tot;3—Mo-tot;4—O_1-tot;5—Tot;6—d-tot

有利于暴露更多的结合位点，增强催化活性。有趣的是，如表 4.1 所示，
Vo-MoO$_2$（-4.0160eV）和 Vo-CeO$_x$（-4.3105eV）的 d 带中心分别与 MoO$_2$
（-2.4508eV）和 CeO$_x$（-2.2726eV）相比，其在费米能级附近向下移动。这一
结果意味着氧空位会降低材料的 d 带中心能级，使 OER 中间体的吸附能力减弱，
可能会阻碍 OER 的动力学。而 Vo-MoO$_2$-CeO$_x$（-3.8416eV）的 d 带中心能级出
现明显的上移，这一结果意味着异质结构能削弱氧空位对 OER 的不利作用。值
得注意的是，描述晶格稳定性的 O $2p$ 中心相对于费米能级的位置是另一个反应
OER 性能相关的佐证。O $2p$ 中心越低意味着晶格越稳定，高氧空位形成能和低
氧-金属共价性，不利于 OER 反应的进行[18,19]。在这里，与 MoO$_2$（-1.7735eV）
相比，Vo-MoO$_2$（-3.4339eV）的 O $2p$ 中心下移，这意味着氧空位诱发的变化也
会对 OER 性能相关的电子结构产生不利作用。而形成异质结后，材料也出现了
和 d 带中心相同的现象。Vo-MoO$_2$-CeO$_x$ 的 O $2p$ 中心上移，这一结果意味着
MoO$_2$ 和 CeO$_x$ 异质结构能够增强非晶化趋势，削弱了氧空位对 OER 的不利作用，
同时使材料表面暴露的活性位点增多，提高了 HER 和 OER 催化活性。

表 4.1 材料的 d 带中心和 O $2p$ 中心数值

催化剂	d 带中心/eV	O $2p$ 中心/eV
MoO$_2$	-2.4508	-1.7735
Vo-MoO$_2$	-4.0160	-3.4339
CeO$_x$	-2.2726	-1.4981
Vo-MoO$_2$-CeO$_x$	-3.8416	-2.6589

参 考 文 献

[1] Zhu B, Zou R, Xu Q. Metal-organic framework based catalysts for hydrogen evolution [J]. Advanced Energy Materials, 2018, 8 (24): 1801193.

[2] Zhang H, Maijenburg A W, Li X, et al. Bifunctional heterostructured transition metal phosphides for efficient electrochemical water splitting [J]. Advanced Functional Materials, 2020, 30 (34): 2003261.

[3] Tong J, Xue Y, Wang J, et al. Cu/Cu$_2$O nanoparticle-decorated MoO$_2$ nanoflowers as a highly efficient electrocatalyst for hydrogen evolution reaction [J]. Energy Technology, 2020, 8 (7): 1901392.

[4] Qian G, Yu G, Lu J, et al. Ultra-thin N-doped-graphene encapsulated Ni nanoparticles coupled with MoO$_2$ nanosheets for highly efficient water splitting at large current density [J]. Journal of Materials Chemistry A, 2020, 8 (29): 14545-14554.

[5] Zhang Z, Ma X, Tang J. Porous NiMoO$_{4-x}$/MoO$_2$ hybrids as highly effective electrocatalysts for the

water splitting reaction [J]. Journal of Materials Chemistry A, 2018, 6 (26): 12361-12369.

[6] Yan Y, Xia B Y, Zhao B, et al. A review on noble-metal-free bifunctional heterogeneous cata-lysts for overall electrochemical water splitting [J]. Journal of Materials Chemistry A, 2016, 4 (45): 17587-17603.

[7] B Bhargava R, Shah J, Khan S, et al. Hydroelectric cell based on a cerium oxide-decorated re-duced graphene oxide (CeO$_2$-rG) nanocomposite generates green electricity by room-temperature water splitting [J]. Energy & Fuels, 2020, 34 (10): 13067-13078.

[8] Yu Y, Liu Y, Peng X, et al. A multi-shelled CeO$_2$/Co@ N-doped hollow carbon microsphere as a trifunctional electrocatalyst for a rechargeable zinc-air battery and overall water splitting [J]. Sustainable Energy & Fuels, 2020, 4 (10): 5156-5164.

[9] Wang C, Lv X, Zhou P, et al. Molybdenum nitride electrocatalysts for hydrogen evolution more efficient than platinum/carbon: Mo$_2$N/CeO$_2$@ nickel foam [J]. ACS Applied Materials & Inter-faces, 2020, 12 (26): 29153-29161.

[10] Chen L, Jang H, Kim M G, et al. Fe$_x$Ni$_y$/CeO$_2$ loaded on N-doped nanocarbon as an advanced bifunctional electrocatalyst for the overall water splitting [J]. Inorganic Chemistry Frontiers, 2020, 7 (2): 470-476.

[11] Zhao J, Ren X, Ma H, et al. Synthesis of self-supported amorphous CoMoO$_4$ nanowire array for highly efficient hydrogen evolution reaction [J]. ACS Sustainable Chemistry & Engineering, 2017, 5 (11): 10093-10098.

[12] Miao C, Zheng X, Sun J, et al. Facile electrodeposition of amorphous Nickel/Nickel sulfide composite films for high-efficiency hydrogen evolution reaction [J]. ACS Applied Energy Mate-rials, 2021, 4 (1): 927-933.

[13] Guha P, Mohanty B, Thapa R, et al. Defect-engineered MoO$_2$ nanostructures as an efficient electrocatalyst for oxygen evolution reaction [J]. ACS Applied Energy Materials, 2020, 3 (6): 5208-5218.

[14] Chen J, Qi X, Liu C, et al. Interfacial engineering of a MoO$_2$-CeF$_3$ heterostructure as a high-performance hydrogen evolution reaction catalyst in both alkaline and acidic solutions [J]. ACS Applied Materials & Interfaces, 2020, 12 (46): 51418-51427.

[15] Zhang L, Ren X, Guo X, et al. Efficient hydrogen evolution electrocatalysis at alkaline pH by interface engineering of Ni$_2$P-CeO$_2$ [J]. Inorganic Chemistry, 2018, 57 (2): 548-552.

[16] Lv C, Huang Z, Yang Q, et al. W-doped MoO$_2$/MoC hybrids encapsulated by P-doped carbon shells for enhanced electrocatalytic hydrogen evolution [J]. Energy Technology, 2018, 6 (9): 1707-1714.

[17] Zhang W, Wang Y, Zheng H, et al. Embedding ultrafine metal oxide nanoparticles in mono-layered metal-organic framework nanosheets enables efficient electrocatalytic oxygen evolution [J]. ACS Nano, 2020, 14 (2): 1971-1981.

[18] Zhu Y, Zhang L, Zhao B, et al. Improving the activity for oxygen evolution reaction by tailoring oxygen defects in double perovskite oxides [J]. Advanced Functional Materials, 2019, 29 (34): 1901783.

[19] Grimaud A, D Diaz-Morales O, Han B, et al. Activating lattice oxygen redox reactions in metal oxides to catalyse oxygen evolution [J]. Nature Chemistry, 2017, 9 (5): 457-465.

5 磷化钼/磷化镍/泡沫镍复合材料的制备及性能

5.1 引言

　　将粉末状催化剂制成电极时，黏结剂的使用是不可避免的，但是黏结剂的存在会阻碍电子传输通道，增加材料的阻抗，从而降低催化剂性能，因此开发在载体上生长催化剂以避免黏结剂的使用就显得很有应用前景。Mo_2C 由于其制备方法的制约，比较难以生长在载体上，本章应用与 Mo_2C 同系的钼基催化剂磷化钼（MoP）作为讨论对象。近年来，过渡金属磷化物由于其优异的导电性以及很好的润湿性的特点，因此在电催化领域有了较大的发展[1]。例如，Ni_2P[2]、MoP[3]、FeP[4,5]、CoP[6]、Cu_3P[7,8]都是很好的电催化剂，在这些催化剂中，MoP 被认为是最优秀的催化剂之一，因为其具有低成本、高存储量、在碱性条件下具有高催化活性优势[9,10]。密度泛函理论（DFT）的结果表明，许多非贵金属都具有很强的金属氢键，这种氢键可以阻止活性中心的氢释放，类似于 Pt 基团[11]。然而，随后的一项研究证明，含有非贵金属的无机化合物在酸性环境中可以改变金属-氢键的强度；二硫化钼（MoS_2）和磷化镍（Ni_2P）的行为符合这一理论计算。理论计算表明，MoP 中的 P 原子的电负性与 MoS_2 表面 S 原子的相似，为其提供了活性中心[12-14]。

　　可以通过研究 MoP 基催化剂的组成、结构、粒径、表面状态和形貌等，提高催化剂的活性。例如，与商用 MoP 相比，碳纳米管 MoP 复合材料、多层 MoP 纳米片阵列、Ni_2P 纳米花与 MoP 复合材料、半金属 MoP_2 纳米颗粒和 $NiMoP_2$ 纳米线的析氢性能都有所提高[15,16]。尽管为改善 MoP 的性能做了许多努力，但其效果远未达到贵金属的水平。为了设计更好的实验以进一步提高双功能催化性能，应该考虑以下因素：（1）更小的 MoP 纳米颗粒更有助于暴露更多的活性位点[17]；（2）不使用黏结剂的电极更有助于降低电荷传输阻抗；（3）纳米孔与大孔的存在不仅可以增大界面电催化反应同时可以减小电荷传输路径；（4）不同组元之间的协同效应可以提高催化剂的性能。Gao 等人合成的一种 MoS_2/Ni_3S_2 异质纳米棒双功能电催化剂，可以在电压为 1.5V 下持续反应超过 48h[18]。同时，制备多孔材料是一种有效的方法，它可以增加更多的活性位点，增强结构稳定性和连续的质量/电荷输运途径中相互连接的开放结构[19,20]。因此，建立一种合适的实验方法来制备粒径小、活性位点多、无黏结剂、具有协同效应的催化剂是改善双功能水分解的关键。本章以泡沫镍为载体，通过水热法在泡沫镍上生长氧化钼的前驱体，最后磷化，得到多层 MoP@ Ni$_3$P/NF 催化剂，载体的使用避免了黏结剂的使用，期望所得的 MoP@ Ni$_3$P/NF 催化剂拥有很好的析氢和析氧性能。

5.2 磷化钼/磷化镍/泡沫镍复合材料的制备

首先准备大小为 1cm×2cm 的泡沫镍依次在 3mol/L 的盐酸、无水乙醇以及去离子水中超声 15min，目的是为了去除泡沫镍表面的氧化层以及油污。之后将泡沫镍放置箱式炉中以 400℃ 煅烧 1h，然后称取 2mmol 的四水合钼酸铵，10mmol 的尿素以及 2mmol 的氟化铵，加入 60mL 去离子水搅拌 1h 形成透明溶液，将之前煅烧的泡沫镍以及溶液转移到 100mL 的反应釜中在 200℃ 下水热 14h，同时水热 12h 以及 16h 作为参照。待反应结束之后取出泡沫镍冲洗后干燥待用，而 MoO$_3$/NF 的制备与上述相同，仅将煅烧泡沫镍这一操作除外。

为了得到 MoP@ Ni$_3$P/NF，将上述钼基前驱体@ NiO/NF 放入瓷舟中，下游处放置含有 2g 次磷酸钠的瓷舟，距离钼基前驱体@ NiO/NF 瓷舟为 2cm，随后在氩气保护下 400℃ 下以 5℃/min 的升温速率煅烧 5h，制备过程如图 5.1 所示。MoP/NF 的获得是以 MoO$_3$/NF 为材料与上述同样的方式磷化，Ni$_2$P/NF 的获得是将 NiO/NF 磷化。

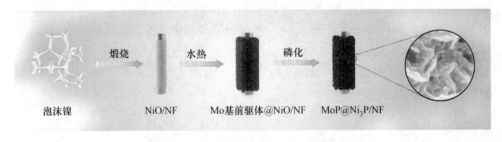

泡沫镍　　　　NiO/NF　　　Mo基前驱体@NiO/NF　　MoP@Ni$_3$P/NF

图 5.1　MoP@ Ni$_3$P/NF 的简单合成步骤

5.3 表征设备与方法

本章主要应用的物理表征手段有 X 射线粉末衍射（XRD）、扫描电子显微镜（SEM）、透射电子显微镜（TEM）和 X 射线光电子能谱（XPS）。

所有的电化学测试是在三电极系统下，以饱和甘汞电极为参比电极，石墨棒为对电极，催化剂本身为工作电极在 1 mol/L 的 KOH 电解液下测试的。在测试之前，为了使电极更加稳定，需要用循环伏安法以 100mV/s 的扫描速率在 0.1~0.5V 的范围下循环 40 圈。之后所有的线性扫描伏安曲线（LSV）都是以 5mV/s 下测试的，EIS 测试是在 10kHz~1Hz 下，在-0.1V 与 1.6V 下分别测试的。

5.4 催化剂结构分析

对不同合成步骤之后的催化剂进行 XRD 表征，如图 5.2（a）所示，煅烧之后的 XRD 显示，拥有泡沫镍的 Ni 峰以及表面的氧化镍（NiO）峰。低温磷化后的 XRD 显示，具有 Ni 峰以及 Ni_3P 的峰。其中 NiO 的形成是由于 Ni 在高温下与空气中的氧气反应生成的，而 Ni_3P 的形成是 NiO 在少量 PH_3 气体的环境下形成的，由于磷的含量较低，因此只形成了 Ni_3P。

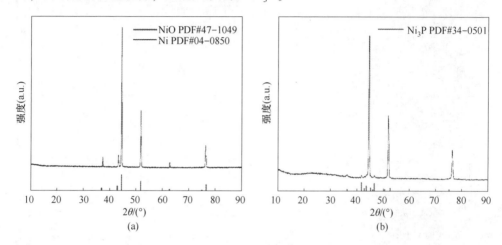

图 5.2 样品 XRD 图谱

（a）泡沫镍煅烧后的 XRD 图；（b）前驱体低温磷化后的 XRD 图

探索 $MoP@Ni_3P/NF$ 表面上的 Mo、Ni 和 P 的元素组成和化合价可以通过进行 X 射线光电子能谱（XPS）测量。从图 5.3 中可以看出 Mo $3d$、Ni $2p$ 和 P $2p$ 的显著差异。高分辨率 Mo $3d$ XPS 光谱位于 229.1eV 和 231.3eV 处的两个峰分别对应于 $Mo^{\delta+}$ 的 Mo $3d_{5/2}$ 和 Mo $3d_{3/2}$，可与 MoP 中的 Mo 对应[21]。同时还检测到 MoO_2（230.5eV 和 232.7eV）和 MoO_3（233.9eV 和 236.1eV），而这些峰来自 MoP 表面的氧化以及一些没有被磷化的氧化钼。在 Ni $2p$ 光谱中，853.1eV 和 870.4eV 处的峰为 Ni—Ni 键，在 857.1eV 和 875.2eV 处的峰为 Ni_3P，而 861.4eV 和 880.2eV 的峰则是卫星峰[22-24]。在 P $2p$ 光谱中，位于 134.6eV 的峰归因于表面氧化导致表面 P—O 键的形成，并且位于 129.6eV 和 130.4eV 的两个主峰归因于 Ni_3P 中的金属磷化物[25-27]。金属 Mo（228.0eV）与纯磷（130.1eV）相比，P $2p$ 峰的结合能在负方向上有轻微的偏移，但是 Mo $3d$ 峰的结合能在正方向上有轻微的偏移。这意味着 MoP 中 Mo 的 d 带中心的减小是由 Mo 到 P 的电子密度转移引起的[28]。

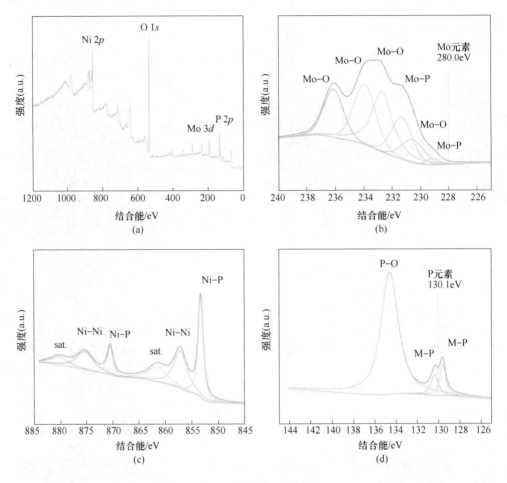

图 5.3 样品 XPS 图谱

(a) MoP@Ni₃P/NF 催化剂的 XPS 总谱图；(b) Mo 3*d* XPS 峰图；(c) Ni 2*p* XPS 峰图；(d) P 2*p* XPS 峰图

5.5 催化剂形貌分析

图 5.4 (a) 是没有煅烧的泡沫镍水热之后的形貌图，从图中可以看出泡沫镍基体上有很多较大的颗粒，颗粒尺寸大约为 20μm，由于尺寸较大，相对的活性位点较少，因此很难拥有较高的电催化性能。图 5.4 (b) 是将泡沫镍煅烧之后水热合成的前驱体，图中的纳米片具有相对较小的尺寸，与图 5.4 (a) 相比，明显没有较大的颗粒，因此可以说明泡沫镍煅烧之后具有更多的形核位点，有助于水热反应形成更小的颗粒，而当形核位点较少的时候就出现了某些晶粒异常长大的现象。图 5.4 (c) 和 (d) 是钼基前驱体低温磷化之后的 SEM 图，图中依然保持了纳米片的结构，但是纳米片的表面出现了很多纳米颗粒，这些纳米颗粒

的形成是由于氧化钼在磷化之后发生的体积效应，而这些纳米颗粒的存在更加增大了催化剂的比表面积，使得催化剂的活性位点更多了，有助于提高材料的电催化性能。

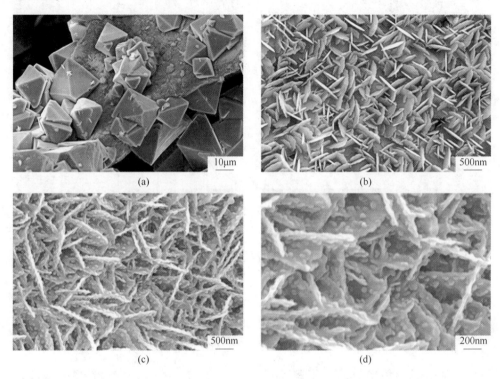

图 5.4　样品扫描电镜图

(a) 未经过煅烧的泡沫镍水热反应之后的 SEM 图；(b) 经过煅烧后水热反应的前驱体的形貌；
(c)，(d) 低温磷化后的 SEM 形貌

为了证明煅烧后的泡沫镍具有更好的亲水性，产生更多的活性位点，分别还对泡沫镍煅烧前后亲水性做了测试，如图 5.5 所示，从图中可以看出煅烧前的泡沫镍亲水性不是很好，与水之间的接触角为 120°，但是经过高温煅烧后，泡沫镍的亲水性发生了明显的改善，当水滴接触到泡沫镍时，水滴瞬间就消失了，并没有产生任何接触角，猜想得到了证明。

图 5.6（a）和（b）是 MoP@ Ni$_3$P/NF 的相应的透射电子显微镜（TEM）图像，其有效揭示了 MoP@ Ni$_3$P/NF 的纳米片结构特征。另外，在白色区域周围有许多纳米点。根据合成方法，指定区域中的纳米点应来自 MoP@ Ni$_3$P/NF 表面，这是由于超声处理时将一些纳米片上的纳米点震下来。而且，可以观察到许多均匀分布在 MoP 中的直径为 5nm 的纳米孔。高分辨率 TEM（HRTEM）图像（见图 5.6（c）和（d））显示出大约 0.32nm 和 0.21nm 的晶格条纹，分别对

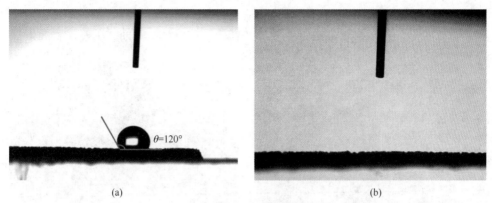

图 5.5 接触角测试

（a）泡沫镍煅烧前；（b）泡沫镍煅烧后

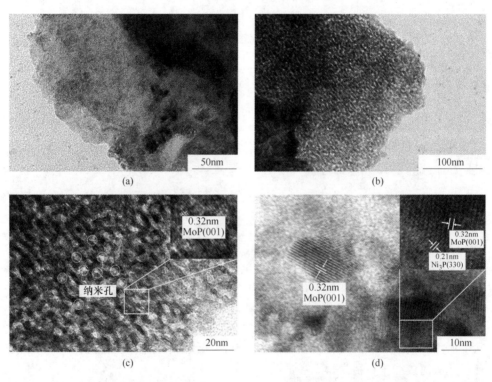

图 5.6 样品透射电镜图

（a），（b）MoP@Ni₃P/NF 的 TEM 图；（c），（d）MoP@Ni₃P/NF 的 HRTEM 图

应于 MoP（JCPDS No. 24-0771）和 Ni₃P（JCPD No. 34-0501）。理论计算表明 MoP 的（001）面具有最佳的电催化性能，与 MoP@Ni₃P/NF 的优异析氢性能相对应。尽管，TEM 可以测试 MoP 的某些晶格条纹，但由于非晶结构占据很大的比例，所以 XRD 并没有测试结果。

5.6 催化剂电化学性能

　　析氢测试是用三电极系统，在室温下 N_2 饱和的 1mol/L KOH 溶液中测试的，并进行了 IR 补偿。NF、钼基前驱体@ NiO/NF、MoP@ Ni_3P/NF 和 20%Pt/C 用作工作电极，饱和甘汞电极（SCE）用作参比电极，Pt 电极替换为碳棒作为参比电极，目的是为了避免铂电极逸出 Pt 离子的干扰。这些电极测试的 LSV 曲线如图 5.7（a）所示，在这些材料中，Pt/C 性能最好，其次是 MoP@ Ni_3P/NF（45mV 达到 $10mA/cm^2$）和基于 Mo 前驱体@ NiO/NF（97mV 达到 $10mA/cm^2$）。对于纯的泡沫镍，析氢性能非常差，这表明使用泡沫镍作为基体对析氢的影响很小，可以忽略不计。图 5.7（b）显示了 NF、Mo 基前驱体@ NiO/NF、MoP@ Ni_3P/NF 和 Pt/C 的 Tafel 斜率，Pt/C 的 Tafel 斜率仍然最低为 38mV/dec，随后是 MoP@ Ni_3P/NF，Tafel 斜率为 56mV/dec，Mo 基前驱体@ NiO/NF 和 NF 的 Tafel 斜率分

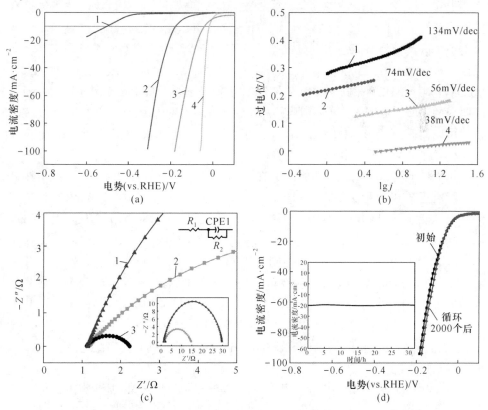

图 5.7　样品电化学析氢性能

（a）不同催化剂的析氢 LSV 图；（b）根据不同催化剂析氢性能转化成的塔菲尔曲线图；

（c）不同催化剂的阻抗图；（d）MoP@ Ni_3P/NF 析氢循环图

1—NF；2—Mo 基前驱体@ NiO/NF；3—MoP@ Ni_3P/NF；4—Pt/C

别为 74mV/dec 和 134mV/dec。Tafel 斜率可以清楚地反映出催化剂表面的析氢反应机理，在这项研究中，根据 MoP@ Ni$_3$P/NF 的 Tafel 斜率为 56mV/dec 可以确定反应通过 Volmer-Heyrovsky 过程进行，伴随的速率确定步骤为解吸步骤。电化学阻抗谱（EIS）也是一种很好评估材料性能的方法，图 5.7（c）显示了根据 NF，基于 Mo 的前驱体/NiO/NF 和 MoP@ Ni$_3$P/NF 的 EIS 图拟合的奈奎斯特图，这些图是在相对于 RHE 的 -0.1V 过电势下确定的。如预期所示，MoP@ Ni$_3$P/NF 具有较低的电化学阻抗，为 1.2Ω，表明该材料具有更快速度的电荷传输动力学和出色的电子传输能力。

经过分析可得，MoP@ Ni$_3$P/NF 具有较低的电化学阻抗的原因为：（1）电解质离子易于转移到多孔结构中，这可以通过降低电荷传输阻抗来提高催化剂的电导率；（2）由于 Ni$_3$P 直接在泡沫镍上生长，并且由于 Ni$_3$P 和 MoP 之间存在部分晶格相交，因此对电子转移更为有利。在电催化过程中，Ni$_3$P 相当于连接基体和 MoP 的桥梁，电子很容易在 MoP 和基体之间转移，这种快速的电子传输有助于降低电荷传输电阻；（3）较大的比表面积可以增加催化剂的接触面积，从而由于扩散路径缩短而加速电荷转移。为了更好地评估催化剂的循环稳定性，使用循环伏安法（CV）和安培 i–t 曲线进行表征，以 50mV/s 的扫描速率在 0 ~ -0.3V 相对于 RHE 下测试了 CV，在 2000 个循环之后，MoP@ Ni$_3$P/NF 的性能没有明显的下降，如图 5.7（d）所示。图 5.7（d）中的插图是一个安培 i–t 曲线，依然可以清楚地看出 MoP@ Ni$_3$P/NF 的稳定性。这两项分析均证明了 MoP@ Ni$_3$P/NF 在碱性介质中的析氢长期稳定性。

析氧性能测试是用三电极系统，在室温下氧饱和的 1mol/L KOH 溶液中测试的，没有进行 IR 补偿。LSV 极化曲线如图 5.8（a）所示，可以看到 MoP@ Ni$_3$P/NF 的析氧性能要比 Mo 基前驱体@ NiO/NF 和 NF 更好。MoP@ Ni$_3$P/NF 只需 331mV 即可达到 35mA/cm^2。相比之下，Mo 基前驱体@ NiO/NF 和 NF 分别需要 400mV 和 550mV 才能达到 35mA/cm^2。在图 5.8（b）中，根据 LSV 曲线计算了塔菲尔斜率。MoP@ Ni$_3$P/NF 的 Tafel 斜率仍然最低，为 50mV/dec，其他两个斜率分别为 96mV/dec 和 126mV/dec。图 5.8（c）显示了在相对于 RHE 的 0.1V 过电势下获得的 EIS 图。MoP@ Ni$_3$P/NF 的电化学电阻为 1.45Ω，与在相对 RHE 的 -0.1V 时的测试相似，其电阻为 1.2Ω。图 5.8（d）测试了析氧的循环稳定性，35h 后，电极的析氧性能保持稳定。

电化学活性表面积（ECSA）可以表征 MoP@ Ni$_3$P/NF，Mo 基前驱体@ NiO/NF 和 NF 的活性位点数量，在非法拉第电位下使用 CV 曲线测试，如图 5.9 所示，在 1mol/L KOH 中具有 0.40 ~ 0.70V 相对于 RHE 的区域的扫描速率（20mV/s，60mV/s，100mV/s，…，220mV/s）。C_{dl} 的值是通过绘制电流密度差 $[\Delta J(J_a - J_c)]$ 得到的，相对于 RHE 为 0.55V 时，结果表明，MoP@ Ni$_3$P/NF（7.7mF/cm）的斜率

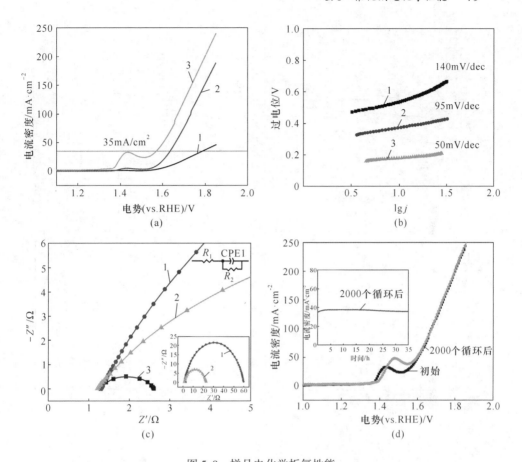

图 5.8 样品电化学析氧性能

(a) 不同催化剂的析氧 LSV 图；(b) 根据不同催化剂析氧性能转化成的塔菲尔曲线图；

(c) 不同催化剂的阻抗图；(d) MoP@ Ni₃P/NF 析氧循环图

1—NF；2—Mo 基前驱体@ NiO/NF；3—MoP@ Ni₃P/NF

大于 Mo 基前驱物@ NiO/NF（2.1mF/cm）和 NF（1.2mF/cm），MoP@ Ni₃P/NF
的最大斜率意味着具有更多的活性位点。以上实验结果表明，MoP@ Ni₃P/NF 材
料具有优异的析氢和析氧性能。在这里，使用 MoP@ Ni₃P/NF 作为析氢的阴极和
析氧的阳极构建了两电极电解系统，以评估在 1mol/L KOH 中的实际全解水性
能。MoP@ Ni₃P/NF // MoP@ Ni₃P/NF 系统可实现 1.67V 到达 10mA/cm²，以进
行整体全解水，如图 5.10（a）所示。该系统还表现出优异的循环稳定性，如图
5.10（b）所示，这可以归因于：（1）经过长期稳定性测试后，催化剂的微观外
观仍然可以保持；（2）整个纳米片结构中相邻的纳米颗粒可以促进电子转移，
从而增强电催化的机械稳定性。

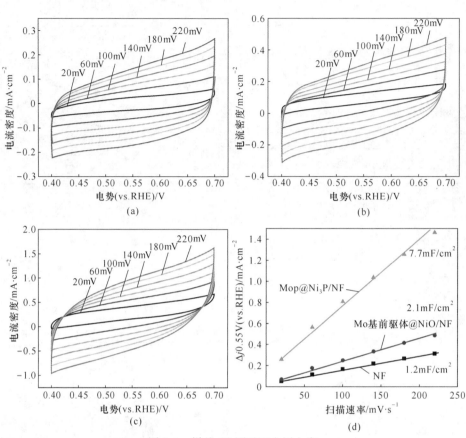

图 5.9 样品 CV 图及双电层电容

（a）泡沫镍在不同扫速下的 CV 图；（b）Mo 基前驱体@NiO/NF 在不同扫速下的 CV 图；
（c）MoP@Ni₃P/NF 在不同扫速下的 CV 图；（d）根据图（a）~（c）计算的 C_{dl} 图

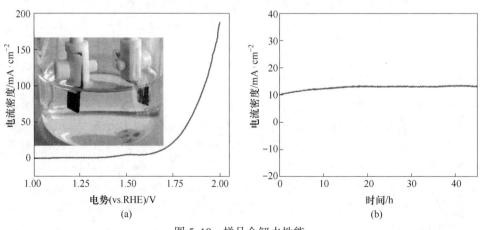

图 5.10 样品全解水性能

（a）MoP@Ni₃P/NF 作为正负极的全解水曲线；（b）全解水稳点性表征

5.7 催化剂循环稳定性

为了分析该催化剂具有优异循环性能的原因，我们还对催化剂进行了循环之后的 XPS 与 SEM 测试，实验结果如图 5.11 和图 5.12 所示，从 SEM 中可以看出，催化剂依然保持着纳米片状的结构，形貌并没有发生太大的变化。说明催化剂形貌的稳定对性能的稳定有一定的帮助。同时，催化剂的 XPS 图依然可以看到经过循环稳定性测试之后催化剂可以保持相对稳定的电子结构以及化合价。

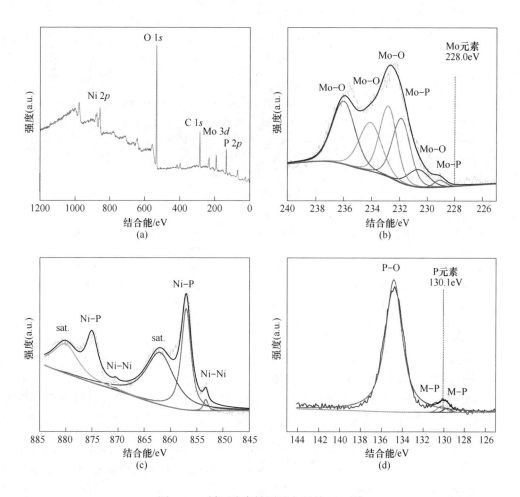

图 5.11 循环稳定性测试之后的 XPS 图

（a）总谱；（b）Mo 3*d*；（c）Ni 2*p*；（d）P 2*p*

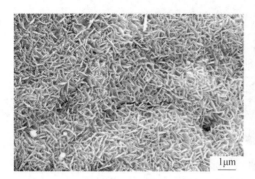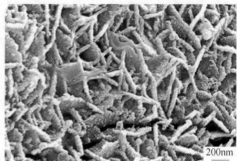

图 5.12 催化剂循环稳定性测试之后的 SEM 图

参 考 文 献

[1] Oyama S T, Gott T, Zhan H, et al. Transition metal phosphide hydroprocessing catalysts: A review [J]. Catalyst Today 2009, 143 (1-2): 94-107.

[2] Wang X D, Cao Y, Teng Y, et al. Large-area synthesis of a Ni_2P honeycomb electrode for highly efficient water splitting [J]. ACS Apply Material Interfaces, 2017, 9 (38): 32812-32819.

[3] Du C, Shang M, Mao J, et al. Hierarchical MoP/Ni_2P heterostructures on nickel foam for efficient water splitting [J]. Journal of Materials Chemistry A, 2017, 5 (30): 15940-15949.

[4] Wang F, Yang X, Dong B, et al. A FeP powder electrocatalyst for the hydrogen evolution reaction [J]. Electrochemistry Communications, 2018, 92: 33-38.

[5] Yan Y, Shi X R, Miao M, et al. Bio-inspired design of hierarchical FeP nanostructure arrays for the hydrogen evolution reaction [J]. Nano Research, 2018, 11 (7): 3537-3547.

[6] Liao H, Sun Y, Dai C, et al. An electron deficiency strategy for enhancing hydrogen evolution on CoP nano-electrocatalysts [J]. Nano Energy, 2018, 50: 273-280.

[7] Zhang Z, Yu G, Li H, et al. Theoretical insights into the effective hydrogen evolution on Cu_3P and its evident improvement by surface-doped Ni atoms [J]. Physical Chemistry Chemical Physics, 2018, 20 (15): 10407-10417.

[8] Wang H, Zhou T, Li P, et al. Self-supported hierarchical nanostructured NiFe-LDH and Cu_3P weaving mesh electrodes for efficient water splitting [J]. ACS Sustainable Chemistry & Engineering, 2017, 6 (1): 380-388.

[9] Huang C, Pi C, Zhang X, et al. In situ synthesis of MoP nanoflakes intercalated N-doped graphene nanobelts from MoO_3-amine hybrid for high-efficient hydrogen evolution reaction [J]. Small, 2018, 14 (25): e1800667.

[10] Liang X, Zhang D, Wu Z, et al. The Fe-promoted MoP catalyst with high activity for water splitting [J]. Applied Catalysis A: General, 2016, 524 (25): 134-138.

［11］ Nørskov J K, Bligaard T, Logadottir A, et al. Trends in the exchange current for hydrogen evolution ［J］. Journal of The Electrochemical Society, 2005, 152 (3): J23.

［12］ Xiao P, Sk M A, Thia L, et al. Molybdenum phosphide as an efficient electrocatalyst for the hydrogen evolution reaction ［J］. Energy & Environmental Science, 2014, 7 (8): 2624-2629.

［13］ Xing Z, Liu Q, Asiri A M, et al. Closely interconnected network of molybdenum phosphide nanoparticles: a highly efficient electrocatalyst for generating hydrogen from water ［J］. Advanced Materials, 2014, 26 (32): 5702-5707.

［14］ Kibsgaard J, Jaramillo T F. Molybdenum phosphosulfide: an active, acid-stable, earth-abundant catalyst for the hydrogen evolution reaction ［J］. Angewandte Chemie International Edition, 2014, 53 (52): 14433-14437.

［15］ Pu Z, Saana Amiinu I, Wang M, et al. Semimetallic MoP_2: an active and stable hydrogen evolution electrocatalyst over the whole pH range ［J］. Nanoscale, 2016, 8 (16): 8500-8504.

［16］ Wang X D, Chen H Y, Xu Y F, et al. Self-supported $NiMoP_2$ nanowires on carbon cloth as an efficient and durable electrocatalyst for overall water splitting ［J］. Journal of Materials Chemistry A, 2017, 5 (15): 7191-7199.

［17］ Khan S B, Faisal M, Rahman M M, et al. Effect of particle size on the photocatalytic activity and sensing properties of CeO_2 nanoparticles ［J］. International Journal of Electrochemical Science, 2013, 8 (5): 7284-7297.

［18］ Yang Y, Zhang K, Lin H, et al. $MoS_2 - Ni_3S_2$ heteronanorods as efficient and stable bifunctional electrocatalysts for overall water splitting ［J］. ACS Catalysis, 2017, 7 (4): 2357-2366.

［19］ Peng L, Xiong P, Ma L, et al. Holey two-dimensional transition metal oxide nanosheets for efficient energy storage ［J］. Nature Communications, 2017, 8 (1): 15139.

［20］ Pikul J H, Gang Z H, Cho J, et al. High-power lithium ion microbatteries from interdigitated three-dimensional bicontinuous nanoporous electrodes ［J］. Nature Communication, 2013, 4: 1732.

［21］ Sun A, Shen Y, Wu Z, et al. N-doped MoP nanoparticles for improved hydrogen evolution ［J］. International Journal of Hydrogen Energy, 2017, 42 (21): 14566-14571.

［22］ You B, Jiang N, Sheng M, et al. Hierarchically porous urchin-like Ni_2P superstructures supported on nickel foam as efficient bifunctional electrocatalysts for overall water splitting ［J］. ACS Catalysis, 2015, 6 (2): 714-721.

［23］ Sun Y, Zhang T, Li X, et al. Bifunctional hybrid Ni/Ni_2P nanoparticles encapsulated by graphitic carbon supported with N, S modified 3D carbon framework for highly efficient overall water splitting ［J］. Advanced Materials Interfaces, 2018, 5 (15): 1800473.

［24］ Zhao J J, Liu P F, Wang Y L, et al. Metallic Ni_3P/Ni Co-catalyst to enhance photocatalytic hydrogen evolution ［J］. Chemistry, 2017, 23 (66): 16734-16737.

［25］ Li X, Li S, Yoshida A, et al. Mn doped CoP nanoparticle clusters: an efficient electrocatalyst for hydrogen evolution reaction [J]. Catalysis Science & Technology, 2018, 8 (17): 4407-4412.

[26] 李天敏, 张君涛, 申志兵, 等. 负载型磷化镍催化剂的制备及其催化应用 [J]. 工业催化, 2019, 27 (9): 20-25.

[27] Zhu W, Tang C, Liu D, et al. A self-standing nanoporous MoP_2 nanosheet array: an advanced pH-universal catalytic electrode for the hydrogen evolution reaction [J]. Journal of Materials Chemistry A, 2016, 4 (19): 7169-7173.

[28] Hu B, Mai L, Chen W, et al. From MoO_3 nanobelts to MoO_2 nanorods: structure transformation and electrical transport [J]. Acs Nano, 2009, 3 (2): 478-482.

6 普鲁士蓝磷化物/磷化镍@氧化钼/泡沫镍复合材料的制备及性能

6.1 引言

第5章中的催化剂相比于目前研究的大部分析氧催化剂，析氧性能明显不足，而较差的析氧性能会限制其在全解水领域的发展。普鲁士蓝类似物（PBA）是由金属离子和氰化物离子形成的配合物。PBA可以转化为相应的氧化物、硒化物、磷化物等，通过简单的实验方法，可广泛应用于电催化和能量转化领域[1]。许多实验表明，PBA中两种金属之间的协同作用可以促进催化剂的析氧性能，同时，PBA在现有基质上的原位生长不仅防止了PBA的团聚，而且增加了催化剂上活性位的数量，从而改善了催化剂的电催化性能。Chen等人在Co的双层氢氧化物上制备了2D/3D ZIF-67@CC，具有均匀的外观和出色的性能（在电流密度为10mA/cm² 下，析氢过电位为−66mV，析氧过电位为248mV）[2]。Xi等人通过水热反应在NF上生长Ni(OH)$_2$，将Ni(OH)$_2$转化为PBA，最后形成自支撑的Ni$_2$P/(NiFe)$_2$P(O)NAs，这种稳定的PBA结构可以在非常大的电流下进行电催化反应[3]。综上所述，通过制备具有均匀稳定结构的催化剂来增强电催化性能是非常有应用前景的。

本章以泡沫镍为基体，通过水热法在泡沫镍上生长纳米片状前驱体，之后将前驱体浸泡在铁氰化钾溶液中，前驱体中的镍元素从中析出与铁氰化钾发生反应，从而在前驱体表面生长纳米颗粒，最后低温磷化，获得普鲁士蓝磷化物/磷化镍@氧化钼/泡沫镍这种分级结构。

6.2 普鲁士蓝磷化物/磷化镍@氧化钼/泡沫镍复合材料的制备

在水热反应之前，分别用3mol/L HCl、乙醇和水超声处理泡沫镍（NF）（10mm×20mm）15min，以去除泡沫镍表面的氧化物层和油。接下来，在烧杯中称量2mmol乙酰胺作为表面活性剂和0.1mmol的四水合钼酸铵、0.26mmol的六水合硝酸镍作为反应物。然后，将60mL的去离子水倒入烧杯中并搅拌直到形成透明的绿色溶液，之后，将混合溶液转移到装有处理过的泡沫镍的100mL反应釜中，在180℃下水热反应24h，从而获得在泡沫镍上生长的绿色纳米片球形前驱体。当反应釜冷却到室温时，用去离子水洗涤几次，然后在60℃下干燥12h。

将干燥的 NiO@ MoO$_x$/NF 浸入 0.03mol/L 铁氰化钾溶液中 24h。反应后，取出黄绿色的反应物，用去离子水洗涤数次，然后在 60℃ 下干燥 12h，在氧化镍与氧化钼的复合物纳米片球上得到原位生长的 PBA 纳米颗粒，记作 IPBA/NiO@ MoO$_x$/NF。

为了产生磷化氢气体，将 2g 次磷酸钠称入瓷舟中，然后将其放在炉子的上游。将包含 IPBA/NiO@ MoO$_x$/NF 前驱体的瓷舟放置在两个瓷舟相距 2cm 的位置。随后，将样品在 Ar 下以 4℃/min 的加热速率加热到 400℃ 并保温 2h。最后，借助磷化氢气体得到黑色原位生长 PBA 磷化物纳米颗粒（固定在磷化镍与氧化钼纳米片球的催化剂），记作 IPBAP/Ni$_2$P@ MoO$_x$/NF，制备过程如图 6.1 所示。

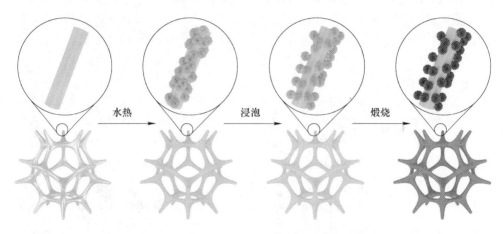

图 6.1　IPBAP/Ni$_2$P@ MoO$_x$/NF 的制备过程示意图

为了进行对比，制备了 PBAP/MoO$_x$/NF 催化剂。首先，在烧杯中称量 2mmol 乙酰胺作为表面活性剂和 0.1mmol 的四水合钼酸铵作为反应物。然后，将 60mL 去离子水倒入烧杯中并搅拌直到形成透明溶液。之后，将混合溶液转移到装有处理过的泡沫镍的 100mL 反应釜中，并在 180℃ 下进行水热反应 24h，以获得在泡沫镍上生长的纳米片前驱体。当反应釜冷却至室温时，取出泡沫镍，用去离子水洗涤几次，然后在 60℃ 下干燥 12h 之后，添加 200mL 去离子水以溶解 9mmol 柠檬酸钠和 6mmol 六水合硝酸镍并形成透明溶液 A。接着，添加 200mL 去离子水以溶解 4mmol 铁氰化钾形成黄色溶液 B。之后，将溶液 A 和溶液 B 混合并搅拌 15min，然后加入水热反应后获得的 MoO$_x$/NF，并将混合物在 40℃ 的水浴中静置 1h。随后，将混合物在室温下保持 10h。接下来，取出 PBA/MoO$_x$/NF，用去离子水洗涤几次，然后在 60℃ 下干燥 12h。随后的合成方法与用于制备 IPBAP/Ni$_2$P@ MoO$_x$/NF 催化剂的合成方法相同。

6.3 表征设备与方法

本章主要应用的物理表征手段有 X 射线粉末衍射（XRD）、扫描电子显微镜（SEM）、透射电子显微镜（TEM）和 X 射线光电子能谱（XPS）。

所有电化学测量均通过电化学工作站（Ivium 电化学工作站）在 1.0mol/L KOH 电解液下进行。在三电极系统中，制备好的电极为工作电极，对电极为石墨棒，参比电极为 Ag/AgCl。为了确保材料在测试过程中的稳定性，在进行析氢和析氧测试之前，有必要对工作电极在 100mV/s 的扫描速率下，在相对 RHE 的 0.1V～-0.5V 之间进行 20 个 CV 循环。析氢和析氧都是在 5mV/s 的扫速下进行的，EIS 在-1.023V 下以 100000～1Hz 的频率测试的。根据 CV 结果计算双层电容（C_{dl}），CV 结果是从 0.2～0.4V 以 20～120mV/s 的扫描速率获得的。

6.4 前驱体的结构与形貌

在泡沫镍水热反应之后获得的前驱体物相可由 XRD 证明，如图 6.2（a）所示，从图中可以看到前驱体由 $Ni_2O_3(OH)_4$（JCPDS No.06-0144）、Mo_4O_{11}（JCPDS

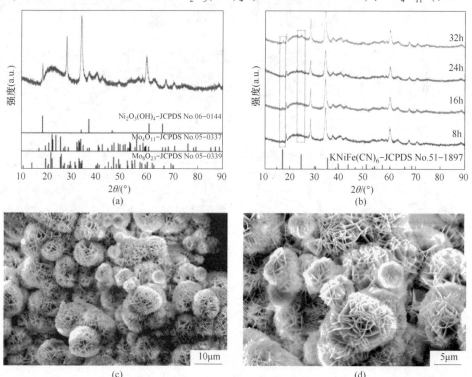

图 6.2 前驱体 X 射线衍射及扫描电镜图

（a）NiO@ MoO_x/NF 的 XRD 图；（b）在铁氰化钾溶液中浸泡不同时间的 XRD 图；

（c），（d）NiO@ MoO_x/NF 的 SEM 图

No. 05-0337) 和 Mo_8O_{23}（JCPDS No. 05-0339）组成，因此可将该前驱体用 NiO@MoO_x/NF 表示。为了有效证明前驱体在浸泡铁氰化钾之后结构的变化，对不同浸泡时间的催化剂进行了 XRD 表征，如图 6.2（b）所示，随着浸泡时间的延长，渐渐地出现了 KNiFe(CN)$_6$（JCPDS No. 51-1897）的峰，因此可以证明 NiO@MoO_x/NF 前驱体的表面原位生长了 PBA，记作 IPBA/NiO@MoO_x/NF。图 6.2（c）和（d）是没有浸泡铁氰化钾的 NiO@MoO_x/NF SEM 图，可以看到泡沫镍表面均匀生长了一些纳米片球。

为了探讨镍离子与铁氰化钾配位反应后的形貌变化，对不同浸泡时间的催化剂进行了 SEM 表征，如图 6.3 所示。为了简化表示，分别用 S-0、S-8、S-16、S-24 和 S-32 表示浸泡 0h、8h、16h，24h 和 32h 的样品。图 6.3（a）、（e）、（i）显示 S-8 具有与原始 S-0 样品相似的形貌，然而，通过仔细检查，发现纳

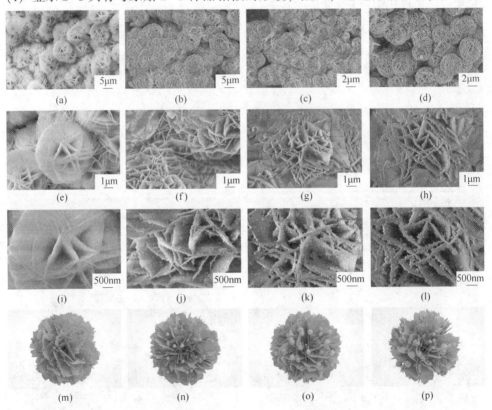

图 6.3 样品在铁氰化钾溶液中浸泡不同时间的扫描电镜及示意图
（a），（e），（i），（m）在铁氰化钾中浸泡 8h 的 SEM 图和示意图；
（b），（f），（j），（n）在铁氰化钾中浸泡 16h 的 SEM 图和示意图；
（c），（g），（k），（o）在铁氰化钾中浸泡 24h 的 SEM 图和示意图；
（d），（h），（l），（p）在铁氰化钾中浸泡 32h 的 SEM 图和示意图

米片的表面上有许多直径约为 50nm 的小突起颗粒，这表明与未浸泡的光滑纳米片相比，纳米片的表面上形成了新的相，这些小颗粒是通过镍离子与铁氰化钾配位而合成的 PBA。如图 6.3（b）、(f)、(g) 所示，随着时间的延长，基体的基本形貌几乎没有变化，有一些新的小颗粒出现，同时之前的颗粒增大了。随着浸泡时间进一步延长，纳米片表面上的颗粒数目和尺寸在持续增加，图 6.3（m）~（p）是纳米片球的示意图，从中可以看到形态的变化。之后对催化剂进行了 EDS 表征，如图 6.4 所示，纳米片球的表面 Mo、Ni 和 Fe 均匀分布，其中 Fe 元素呈现的是点状分布，与上述纳米片球表面生长的 IPBA 纳米点的结果保持一致。同时对前驱体进行了 XPS 测试，结果如图 6.5 所示，从图中可以看到 C 的 $1s$ 以及 K 的 $2p$ 峰、Mo 的 $3d$ 峰、Ni 的 $2p$ 峰、Fe 的 $2p$ 峰，其中 K 的 $2p$ 峰的存在同样可以证明 PBA 的存在。Mo 的 $3d$ 峰可以去卷积为 Mo 的 +6 价和 +4 价，催化剂表面钼元素的唯一形式就是以氧化物的形式存在于催化剂表面[4]。Ni 的 $2p$ 经过去卷积可以分为 Ni $2p_{3/2}$ 和 Ni $2p_{1/2}$ 以及卫星峰，从图中可以看出 Ni 的存在形式依然是氧化物[5]。之后对 Fe 的 $2p$ 进行分峰，依然可以分为 Fe $2p_{3/2}$ 和 Fe $2p_{1/2}$ 以及卫星峰，铁主要来自铁氰化钾[6]。

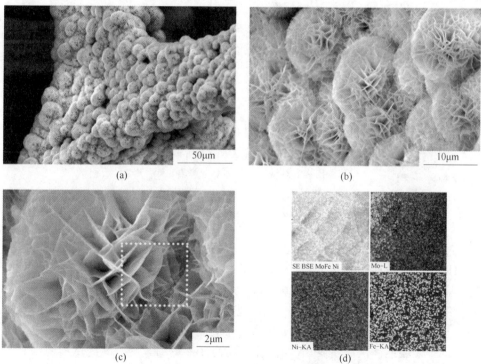

图 6.4 前驱体微观结构及元素分布图

(a) ~ (c) 在铁氰化钾溶液中浸泡 8h 之后的 SEM 图;

(d) 对图 (c) 中方框位置的 EDS 能谱

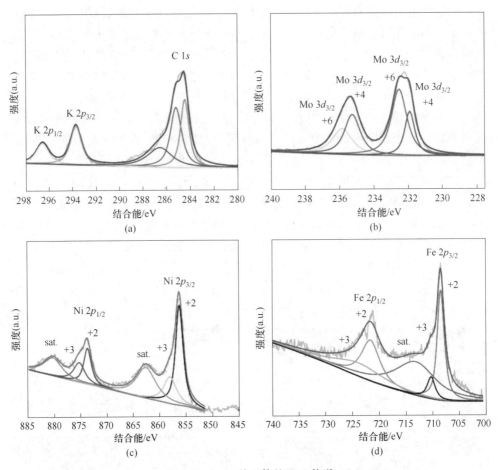

图 6.5 S-24 前驱体的 XPS 能谱

(a) C 1*s* 和 K 2*p*; (b) Mo 3*d*; (c) Ni 2*p*; (d) Fe 2*p*

6.5 催化剂的结构与形貌表征

由于 S-24 上 IPBA 的生长是均匀的,因此选择 S-24 作为 400℃ 低温磷化的前驱体,以制备所得的 IPBAP/Ni$_2$P@MoO$_x$/NF 电催化剂(用 P-S-24 表示)。P-S-24 的 SEM 图像显示在图 6.6(a)~(c)中,从中可以看到,在低温下磷化后,纳米片球形貌并未明显变化。直接观察表明,纳米片上的颗粒消失了,但是进一步观察表明,纳米片的表面上仍然有小的突起。出现这种现象的原因是,磷化后,PBA 收缩,从而使 IPBA 与基体之间的连接更加紧凑,因此更加稳定。图 6.6(d)中显示的是 EDS 映射结果,选择的测试区域是图 6.6(c)中的虚线框,图 6.6(d)显示 P、Ni 和 Mo 均匀分布在纳米片球体上,而 Fe 显示出颗粒状分布。

图 6.6 催化剂微观结构及元素分布图

(a)~(c) IPBAP/Ni$_2$P@MoO$_x$/NF 的 SEM 图;

(d) IPBAP/Ni$_2$P@MoO$_x$/NF 中 P、Fe、Mo 和 Ni 的 EDS 能谱图

　　为了揭示相变,获得了 P-S-24 的 XRD 图,并在图 6.7(a)中给出,从中可以看到该材料的结晶度不是很好。磷化后,形成 Ni$_2$P(JCPDS No.03-0953)和 Fe$_2$P(JCPDS No.51-0943)。同时,低温磷化后,氧化钼不变。磷化后一些峰没有变化,例如 2θ 的 28.3°、34.1°、40.6°、44.3°、47.6° 和 60°,它只是转变为结晶度较差的结构。该现象可证明在低温磷化条件下难以形成 Mo-P 键。由于 Fe$_2$P 的一些主峰与 Ni$_2$P 峰一致,可以通过比较不同浸泡时间的样品之间的 Fe$_2$P 峰之间的差异来间接表征材料,以确认 Fe$_2$P 的存在,因此,我们发现随着浸泡时间的延长,在 40.6°、44.5°、47.3° 和 54.2° 处的峰强度增加。研究发现,较低结晶度的材料更有利于电催化[7],这可能是本研究中电催化性能很好的原因之一。然后,我们表征 P-S-24 和 P-S-0 的元素组成和化合价,如图 6.7(b)~(d)所示。低温磷化后观察到图 6.7(b)中 853.04eV 和 854.06eV 的峰,这证明了 Ni$_2$P 的形成,在图 6.7(c)中,无法找到存在 Mo-P 键的证据,P-S-24 和 P-S-0 的峰位与未发生磷化的 S-24 的峰保持相同,该结果证明了形成 Mo-P

的困难，表明与 XRD 相同的结果。图 6.7（d）显示了 Fe 2p 的去卷积峰，707.21eV 和 720.13eV 的峰对应于 Fe_2P 的 Fe—P 键，P-S-24 中 Ni-P 峰的结合能高于 P-S-0 中相应峰的结合能，这种差异意味着在引入铁后，镍周围的电子云向铁的方向移动，导致浸泡后 Ni-P 的结合能增加。同时，在铁氰化钾溶液中浸泡后，P-O 峰向低结合能偏移，这些现象证明了形成 PBA 后电子结构发生了变化[8,9]。

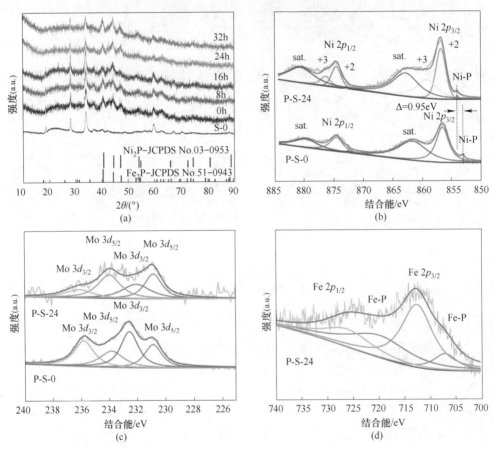

图 6.7 催化剂 XRD 及 XPS 图谱

（a）IPBAP/Ni_2P@ MoO_x/NF 不同浸泡时间以及 Ni_2P@ MoO_x/NF 的 XRD 图；

（b）IPBAP/Ni_2P@ MoO_x/NF 的 Ni 2p XPS 峰；（c）IPBAP/Ni_2P@ MoO_x/NF 的 Mo 3d XPS 峰；

（d）IPBAP/Ni_2P@ MoO_x/NF 的 Fe 2p 峰

图 6.8 所示的 TEM 图像也表现出与上述 SEM 结果相似的片状结构，同时，这些纳米片中也存在一些介孔（见图 6.8（a）和（b）），这些中孔是由 P/O 交换过程产生的体积收缩效应产生的[10,11]。图 6.8（c）显示了 P-S-0 的 HRTEM

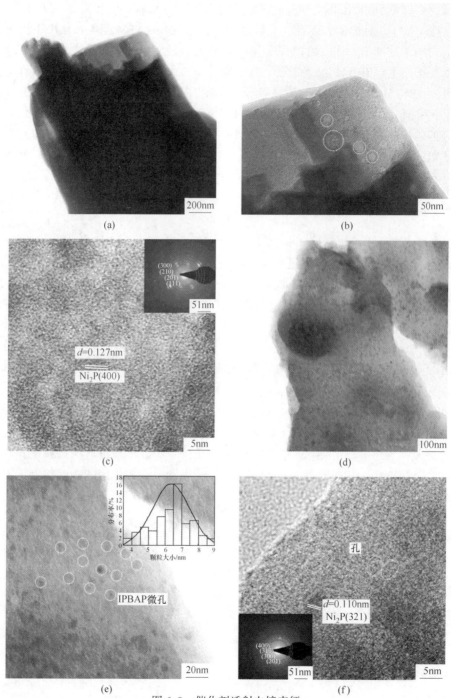

图 6.8 催化剂透射电镜表征

(a)~(c) Ni$_2$P@MoO$_x$/NF 的 TEM 以及 HRTEM 图；

(d)~(f) IPBAP/Ni$_2$P@MoO$_x$/NF 的 TEM 以及 HRTEM 图

图像，可以索引到 Ni_2P，与选定区域电子衍射（SAED）结果一致（嵌入在图 6.8（c）中）。图 6.8（d）和（e）显示了 P-S-24 的 TEM 图像，从中不仅可以观察到纳米片结构，而且可以观察到许多平均直径为 6.37nm 的纳米颗粒，这些纳米粒子衍生自 IPBAP 纳米粒子，这些粒子可以大大增加 P-S-24 上的活性位点数量。HRTEM 和 SAED 中的晶格条纹和衍射环可以证明是 Ni_2P，如图 6.8（f）所示，并且在 TEM 图像中可以看到一些纳米孔，这些特征来自 PBA 的碳化和磷化后的体积收缩。从 XRD 结果可以看出，P-S-0 和 P-S-24 的 SAED 图谱表明催化剂的结晶度不是很好。这些纳米孔、中孔和不良的晶体结构的存在有助于改善材料性能和稳定性[12,13]。

6.6 催化剂的电化学性能

为了评估材料的析氢性能，使用 P-S-24 作为电极，在 N_2 饱和的 1.0mol/L KOH 溶液中使用典型的三电极系统进行测试。为了证明 IPBAP 可以大大提高 P-S-24 的析氢性能，我们选择了单纯的泡沫镍、P-S-0、PBAP/MoO_x/NF、MoO_x/NF 和 Pt/C 进行比较。为了消除电阻的影响，针对析氢不同样品的线性扫描伏安法（LSV）曲线进行了 IR 补偿。图 6.9（a）和（b）中显示的结果表明，NF 性能较差（-235mV 达到 10mA/cm^2），因此其对实验结果的影响可以忽略不计。PBAP/MoO_x/NF、P-S-0 和 MoO_x/NF 样品在 10mA/cm^2 的电流密度下的过电位分别为-177mV、-91mV 和90mV，比 P-S-24 差（-61mV 达到 10mA/cm^2），这些性能仍不超过商用催化剂。此外，Ni_2P@ MoO_x/NF（P-S-0）和 MoO_x/NF 的 LSV 曲线几乎相同（见图 6.9（a）），这表明 Ni_2P 的存在对析氢活性的改善没有显著贡献。为了突出 P-S-24 的优越性能，选择一些近年来报道的具有优异析氢性能的催化剂作为比较，如表 6.1 中所列，结果发现该催化剂的析氢性能优于大部分的催化剂。

表 6.1 近期较好的催化剂的性能与本章研究催化剂的性能对比

材料	析氢（10mA/cm^2）/mV	析氧（10mA/cm^2）/mV	析氧（100mA/cm^2）/mV	电位（10mA/cm^2）/mV
本研究中的材料	-61		268	1.49
$A_{2.7}B$-MOF-$FeCo_{1.6}$[14]	—	288		
VO_x/Ni_3S_2@ NF[15]	—	—	358	—
CoN_x@ GDY NS/NF[16]	-70	260	420	1.48
NiNS[17]	-110	—	404	1.8
NOGB-800[18]	-220	400	550	1.65

续表6.1

材　料	析氢(10mA/cm^2)/mV	析氧(10mA/cm^2)/mV	析氧(100mA/cm^2)/mV	电位(10mA/cm^2)/mV
Ni$_3$N-VN/NF[19]	-64	—	398	1.51
Co@N-CS/NHCP@CC[20]	-66	248	330	1.545
Co$_3$S$_4$/EC-MOF[21]	-84	226	370	1.55
CoP-N/Co 泡沫[22]	-75	—	295	1.61

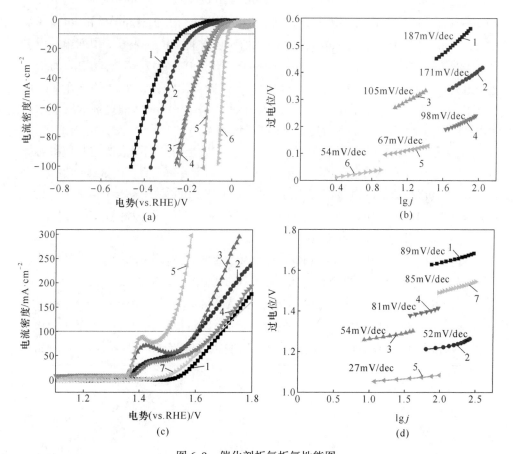

图 6.9 催化剂析氢析氧性能图

(a), (c) 不同催化剂析氢 LSV 图; (b), (d) 不同催化剂析氢塔菲尔图

1—NF; 2—PBAP/MoO$_x$/NF; 3—P-S-0; 4—MoO$_x$/NF; 5—P-S-24; 6—Pt/C; 7—RuO$_2$

在图 6.9 (b) 中, 我们可以看到 P-S-24 的 Tafel 斜率为 67mV/dec, 与 NF (187mV/dec)、PBAP/MoO$_x$/NF (171mV/dec)、P-S-0 (105mV/dec) 和 MoO$_x$/

NF（98mV/dec）相比更低。因为 P-S-24 的 Tafel 斜率在 40~120mV 时，这表明析氢遵循 Volmer-Heyrovsky 机理，同时解吸步骤的速率与放电步骤的速率相同。另外，析氧性能是催化剂性能的评价标准。我们在 N_2 饱和的 1.0mol/L KOH 溶液中使用典型的三电极系统测试了析氧性能。为了突出材料的优势，选择单纯的 NF、P-S-0、PBAP/MoO$_x$/NF、MoO$_x$/NF 和 RuO$_2$ 作为电极材料进行比较。由于析氧的 LSV 曲线中存在一个巨大的氧化峰，因此选择 100mA/cm^2 作为参考点。发现浸泡在铁氰化钾溶液后的 P-S-24 的析氧性能得到了显著改善，在 100mA/cm^2 的电流密度下达到 268mV，超过了相应的参照催化剂 NF（在 100mA/cm^2 时为 466mV）、PBAP/MoO$_x$/NF（在 100mA/cm^2 时为 383mV）、P-S-0（在 100mA/cm^2 时为 371mV）、MoO$_x$/NF（在 100mA/cm^2 时为 442mV）和 RuO$_2$（在 100mA/cm^2 时为 457mV），如图 6.9（c）所示，并且性能比表 6.1 中列出的大多数催化剂的性能更好。通过比较 Ni$_2$P@MoO$_x$/NF（P-S-0）和 MoO$_x$/NF 的析氧过电位（100mA/cm^2 时 371mV 对 442mV），可以得出结论，Ni$_2$P 的存在显著增强了析氧活性。此外在图 6.9（d）中测试的样品中，P-S-24 催化剂的塔菲尔斜率最低（27mV/dec），证明了其卓越的析氧活性。从图 6.10（a）的 Nyquist 图中，通过比较所有样品，可以看到 P-S-24 具有最小的半圆，表明与其他参考样品相比，它具有最小的电荷转移电阻（18.1Ω）。该结果表明，P-S-24 具有更好的反应动力学和更快的电荷转移能力。P-S-24 的 C_{dl} 计算为 132.3mF/cm^2，高于 MoO$_x$/NF（26.5mF/cm^2）、P-S-0（2.1mF/cm^2）、PBAP/MoO$_x$/NF 的 C_{dl}（0.8mF/cm^2）和 NF（0.4mF/cm^2）。

除上述特征外，还需要了解催化剂的内在活性，计算每个表面位点的转换频率（TOF）[23]。P-S-24 的 TOF 值在 -125mV 的超电势下为 0.23s^{-1}，高于 MoO$_x$/NF（0.063s^{-1}）、P-S-0（0.056s^{-1}）、PBAP/MoO$_x$/NF（0.013s^{-1}）和 NF（0.006s^{-1}）。考虑到上述优异的析氢和析氧性能，将催化剂 P-S-24 用作阳极和阴极，以表征两电极配置电解槽的整体水分解性能，如图 6.10（d）所示，P-S-24//

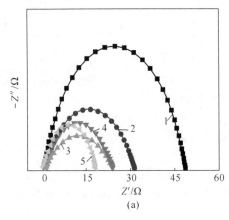

(a)

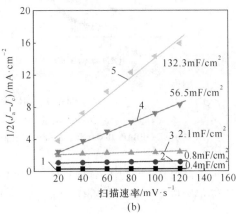

(b)

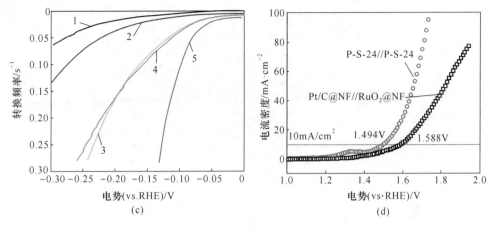

图 6.10 不同催化剂下的绘图

(a) 阻抗图；(b) C_{dl} 图；(c) TOF 图；(d) 全解水图

1—NF；2—PBAP/MoO$_x$/NF；3—P-S-0；4—MoO$_x$/NF；5—P-S-24

P-S-24 电池在 10mA/cm^2 下可以达到 1.494V，表明该电池超过了在相同条件下测试的 Pt/C@NF//RuO$_2$@NF（1.58V）的性能。总之，P-S-24 具有优异性能的原因为：（1）钼基氧化物具有优异的析氢性能，而 PBA 具有优异的析氧性能；（2）原位生长的 PBA 与基质之间的紧密结合提供了更好的结构稳定性、快速的电荷转移能力和强大的质量转移能力；（3）由于镍离子均匀地分散在基体中，所以原位产生的 PBA 可以均匀地分散在基体上，因此，小尺寸且均匀分布的纳米颗粒可以大大增加 P-S-24 上的活性位点数量；（4）NF 的优异电导率和孔隙率对性能的改善有很大贡献。

6.7 催化剂循环之后的结构及形貌

6.6 节的结果表明该催化剂具有优异的电化学性能，但是为了验证催化剂的循环稳定性，还对催化剂进行了循环稳定性测试，图 6.11 为催化剂进行 i-t 测试的曲线图，从图中可以看到，经过超过 80h 的测试，催化剂的析氢和析氧性能依然保持稳定，与一开始的性能相比没有下降很多，之后将析氧测试之后的催化剂做 SEM、TEM 以及 XPS 表征。图 6.12 为催化剂的 SEM 以及 TEM 图，图中依然可以清晰地看到纳米片球，TEM 也同样可以看到催化剂的纳米片结构，因此证明经过长时间的循环稳定性测试之后，催化剂的形貌依然可以保持稳定。最后的 XPS 也是选择在析氧循环之后的样品测试的，结果表明，除了一些峰的强度发生了变化，峰的位置并没有变化，因此可以证明长时间的循环性测试之后材料的电子结构以及化合价没有明显变化。

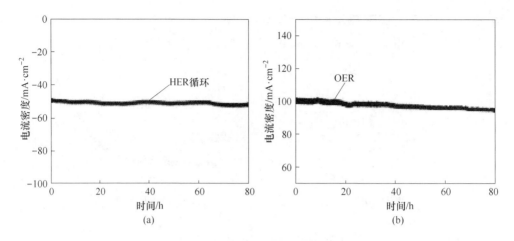

图 6.11 催化剂稳定性测试

（a）析氢的 i-t 曲线；（b）析氧的 i-t 曲线

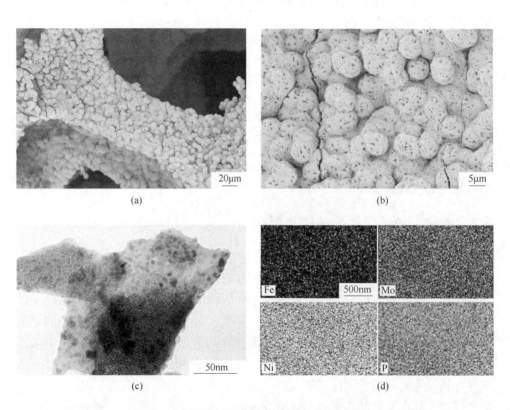

图 6.12 催化剂循环后的形貌及元素分布图

（a），（b）析氧循环后的 SEM 图；（c）TEM 图；（d）Fe、Mo、Ni、P 的 EDS 能谱

6.8 实验方法通用性验证

为了验证在铁氰化钾溶液中浸泡的实验方法是通用的，我们将镍离子替换为其他可与铁氰化钾反应的离子。如图 6.13 所示，所有测试离子都可以改善材料的析氢和析氧性能。通过添加银离子，析氢性能在 10mA/cm² 下增加了 40mV，达到-42mV，同时析氧性能在 100mA/cm² 下增加了 134mV，达到 303mV。钴离子的添加在 10mA/cm² 下将析氢性能提高 18mV，达到-64mV，同时在 150mA/cm² 下将析氧性能提高 205mV 至 290mV。锰离子的添加在 10mA/cm² 下将析氢性能提高 19mV 至-63mV，同时在 100mA/cm² 下将析氧性能提高 50mV 至 310mV。此外，加入铜离子、铁离子和锌离子后，析氢和析氧性能均得到改善。

因此，所有这些离子的添加对于改善电催化性能是有益的。这种浸入铁氰化钾溶液中的方法可以显著增加活性位点的数量并改善性能，并且可以被普遍应用。

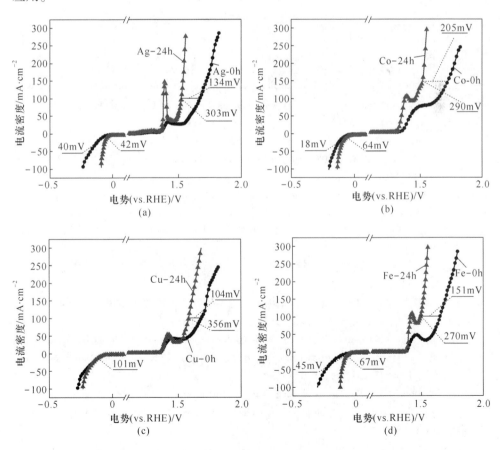

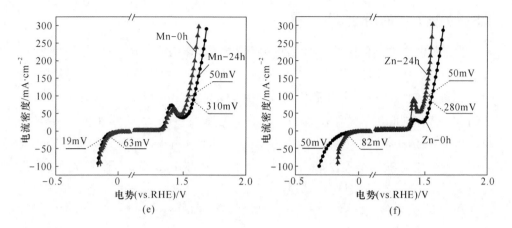

图 6.13 不同金属离子取代镍离子浸泡铁氰化钾前后析氢析氧性能差异

(a) 银离子取代镍离子；(b) 钴离子取代镍离子；(c) 铜离子取代镍离子；
(d) 铁离子取代镍离子；(e) 锰离子取代镍离子；(f) 锌离子取代镍离子

参 考 文 献

[1] Li J G, Sun H, Lv L, et al. Metal-organic framework-derived hierarchical (Co,Ni)Se$_2$@NiFe LDH hollow nanocages for enhanced oxygen evolution [J]. ACS Applied Materials & Interfaces, 2019, 11 (8): 8106-8114.

[2] Chen Z, Ha Y, Jia H, et al. Oriented transformation of Co-LDH into 2D/3D ZIF-67 to achieve Co-N-C hybrids for efficient overall water splitting [J]. Advanced Energy Materials, 2019, 9 (19): 1803918.

[3] Xi W, Yan G, Lang Z, et al. Oxygen-doped nickel iron phosphide nanocube arrays grown on Ni foam for oxygen evolution electrocatalysis [J]. Small, 2018, 14 (42): 1802204.

[4] 田立朋, 李伟善, 李红. 三氧化钼的电化学性质及其应用 [J]. 现代化工, 2000, 20 (10): 19-21.

[5] 张超. 自组装磷化镍纳米片阵列电极的电催化析氢性能研究 [J]. 材料导报, 2018, 32 (32): 33-36.

[6] 王娇, 张婷, 郁洁, 等. 普鲁士蓝结构转化的尖晶石型 NiFe$_2$O$_4$C 和 CoFe$_2$O$_4$C 纳米材料的析氧性能 [J]. 石河子大学学报, 2018, 36 (2): 208-213.

[7] Chen G, Zhu Y, Chen H M, et al. An amorphous nickel-Iron-based electrocatalyst with unusual local structures for ultrafast oxygen evolution reaction [J]. Advanced Materials, 2019, 31 (28): 1900883.

[8] Han H, Hong Y R, Woo J, et al. Electronically double-layered metal boride hollow nanoprism as an excellent and robust water oxidation electrocatalysts [J]. Advanced Energy Materials, 2019, 9 (13): 1803799.

[9] Kong X, Xu K, Zhang C, et al. Free-standing two-dimensional Ru nanosheets with high

activity toward water splitting [J]. ACS Catalysis, 2016, 6 (3): 1487-1492.

[10] Wang X D, Xu Y F, Rao H S, et al. Novel porous molybdenum tungsten phosphide hybrid nanosheets on carbon cloth for efficient hydrogen evolution [J]. Energy & Environmental Science, 2016, 9 (4): 1468-1475.

[11] Hu B, Mai L, Chen W, et al. From MoO_3 nanobelts to MoO_2 nanorods: Structure transformation and electrical transport [J]. ACS Nano, 2009, 3 (2): 478-482.

[12] Li J, Zhou Q, Zhong C, et al. $(Co/Fe)_4O_4$ cubane-containing nanorings fabricated by phosphorylating cobalt ferrite for highly efficient oxygen evolution reaction [J]. ACS Catalysis, 2019, 9 (5): 3878-3887.

[13] Yang C C, Zai S F, Zhou Y T, et al. Fe_3C-Co nanoparticles encapsulated in a hierarchical structure of N-doped carbon as a multifunctional electrocatalyst for ORR, OER, and HER [J]. Advanced Functional Materials, 2019, 29 (27): 1901949.

[14] Xue Z, Li Y, Zhang Y, et al. Modulating electronic structure of metal-organic framework for efficient electrocatalytic oxygen evolution [J]. Advanced Energy Materials, 2018, 8 (29): 1801564.

[15] Niu Y, Li W, Wu X, et al. Amorphous nickel sulfide nanosheets with embedded vanadium oxide nanocrystals on nickel foam for efficient electrochemical water oxidation [J]. Journal of Materials Chemistry A, 2019, 7 (17): 10534-10542.

[16] Fang Y, Xue Y, Hui L, et al. In situ growth of graphdiyne based heterostructure: Toward efficient overall water splitting [J]. Nano Energy, 2019, 59: 591-597.

[17] Zhao Y, Jin B, Vasileff A, et al. Interfacial nickel nitride/sulfide as a bifunctional electrode for highly efficient overall water/seawater electrolysis [J]. Journal of Materials Chemistry A, 2019, 7 (14): 8117-8121.

[18] Hu Q, Li G, Li G, et al. Trifunctional electrocatalysis on dual-doped graphene nanorings-integrated boxes for efficient water splitting and Zn-air batteries [J]. Advanced Energy Materials, 2019, 9 (14): 1803867.

[19] Yan H, Xie Y, Wu A, et al. Anion-modulated HER and OER activities of 3D Ni-V-based interstitial compound heterojunctions for high-efficiency and stable overall water splitting [J]. Advanced Materials, 2019, 31 (23): 1901174.

[20] Chen Z, Ha Y, Jia H, et al. Oriented transformation of Co-LDH into 2D/3D ZIF-67 to achieve Co-N-C hybrids for efficient overall water splitting [J]. Advanced Energy Materials, 2019, 9 (19): 1803918.

[21] Liu T, Li P, Yao N, et al. Self-sacrificial template-directed vapor-phase growth of MOF assemblies and surface vulcanization for efficient water splitting [J]. Advanced Materials, 2019, 31 (21): 1806672.

[22] Liu Z, Yu X, Xue H, et al. A nitrogen-doped CoP nanoarray over 3D porous Co foam as an efficient bifunctional electrocatalyst for overall water splitting [J]. Journal of Materials Chemistry A, 2019, 7 (21): 13242-13248.

[23] Popczun E J, Mckone J R, Read C G, et al. Nanostructured nickel phosphide as an electrocatalyst for the hydrogen evolution reaction [J]. Journal of the American Chemical Society, 2013, 135 (25): 9267-9270.

7 镍钼合金/不锈钢网复合材料的制备及性能

7.1 引言

大量的文献研究证明过渡金属镍基催化剂具有极佳的催化性能[1,2]。普遍认为纯镍可以作为卓越的水分解中心,但由于镍对氢中间体具有较强的吸附作用导致几乎没有析氢性能,反而具有较好的析氧性能[3,4]。因此,已经开发出很多方法来调节镍的电子结构,其中通过与其他金属合金化是一种有效的调节电子结构的手段[5,6]。具有优异析氢活性的钼元素也是人们研究的热点。通过合金化增强了电催化的表面积,受益于相邻原子间的协同作用,NiMo 合金催化剂在碱性条件下表现出优异的析氢性能[7,8]。例如,Zhang 等人制备了嵌在 MoO_2 立方体内,以泡沫镍为载体的 $MoNi_4$ 电催化剂($MoNi_4/MoO_2@Ni$),首先在水热条件下合成 $NiMoO_4$ 立方体前驱体,然后在氢气气氛下进行高温还原[9],最后得到的 $MoNi_4$ 合金颗粒均匀分布在 MoO_2 上,并且这些 $MoNi_4$ 合金提供了大量的催化活性位点,使得该催化剂在碱性条件下具有优异的电催化析氢性能。为了证明催化反应的主要介质,该作者还使用酸蚀法将表面 $MoNi_4$ 合金颗粒溶解后发现催化剂的析氢性能严重下滑,表明催化活性来源于表面的 $MoNi_4$ 合金颗粒。Zhou 等人首先利用水热的方法在含有尿素的情况下制备了 MoNi 氧化物空心微球前驱体,然后空心微球在氢气还原气氛下煅烧得到 Mo-Ni 基空心结构,其中 $MoNi_4$ 合金纳米粒子镶嵌在 MoO_{3-x} 纳米片上[10]。所获得的空心微球具有高度活性的位点和较大的表面积的特征表现出优异的析氢催化活性。Hu 等人利用原位拓扑还原法在 NF 上制备了 $MoNi_4/MoO_{3-x}$ 纳米棒阵列电催化剂在碱溶液中具有显著的 HER 活性[11]。

自支撑材料电催化剂因其优异的稳定性得到大量的关注。自支撑材料要求其本身具有良好的导电性和优异的稳定性,常见的自支撑材料有泡沫镍(NF)、泡沫铁(IF)、碳布(CC)和不锈钢网(SS)等[12]。需要注意的是,制备的电催化剂需要考虑其成本和储量,最好其本身还有一定的催化活性。不锈钢网是一种十分廉价且储量丰富的材料。例如本书中使用的 304 型不锈钢网(SS)每平方米的价格仅为 200 元,远低于其他自支撑材料,如泡沫镍(NF)每平方米约需 600 元,碳布(CC)每平方米约需 6000 元。而且 SS 在碱溶液中的 OER 和 HER 活性均高于泡沫镍和碳布[13]。常用的自支撑电催化剂合成方法包括水热法、气相沉积法、电沉积法以及不同方法间的组合。与其他合成方法相比，电化学沉积法操作工艺简单，对生产设备依赖性不强，可以在任意基体上进行，合成周期短且成品率高[14]。但具有优异 HER 活性的钼元素不能单独以阳离子的形式沉积出来，当与其他元素共同电沉积可以解决这个问题[15]。McCrory 等人电沉积了多种析氢电催化剂，发现在碱性溶液中，Ni-Mo 合金表现出与光滑 Pt 电极不相上下的析氢活性和稳定性[16]。Gao 等人在 Cu 上使用电沉积的方法制备了高比表面积的 Ni-Mo 微球也表现出优异的析氢性能[17]。尽管 NiMo 合金作为碱性电催化剂已经得到广泛的研究，不同类型的 Ni-Mo 之间的活性位点可能相似，但所报道的催化性能还有很大的差异。

7.2　镍钼合金/不锈钢网复合材料的制备

采用一步电沉积法在不锈钢表面制备镍钼电催化剂。将裁好的不锈钢网（1cm×1.5cm）在 3mol/L 盐酸、无水乙醇和超纯水分别超声 15min，去除其表面可能存在的氧化膜和残留的有机物；之后将不锈钢网置于 3mol/L 盐酸中在 60℃下静置处理 1h，增加其表面粗糙度，得到刻蚀不锈钢（ESS）；最后用超纯水冲洗数遍，在电热鼓风干燥箱内 60℃ 干燥 12h。

在 25℃ 下在 60mL 的电解槽中进行电沉积。ESS、铂片和 Ag/AgCl 参比电极分别作为参比电极。电解液包含 0.27mol/L NiCl$_2$·6H$_2$O，0.18mol/L C$_6$H$_5$Na$_3$O$_7$·2H$_2$O 和 0.06mol/L Na$_2$MoO$_4$·2H$_2$O。在不锈钢上施加−30mA/cm^2 的电流密度进行阴极沉积 100min，形成镍钼催化剂 NiMo$_6$/ESS-10-3（其中，6 表示电解液中 Mo 盐的摩尔数为 0.06mol/L；10 表示电沉积的时长为 100min；3 代表电沉积的电流密度为−30mA/cm^2）。为了对比，更换实验条件如不同的电流密度（−20mA/cm^2 和−40mA/cm^2），不同摩尔浓度的钼盐（0.04mol/L 和 0.08mol/L）以及不同的沉积时间（50min 和 150min）。将沉积后的电极放在干燥箱中。催化剂的负载量约为 3.0 mg/cm^2。确定最佳实验条件后，记最佳实验条件下的电催化剂为 NiMo/ESS，合成示意图如图 7.1 所示。在该条件下再单独进行 Ni 元素（Ni/ESS）电沉积作为另外的对照组。

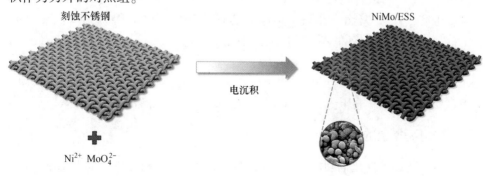

刻蚀不锈钢　　　　　　　　　　　　　　NiMo/ESS

电沉积

Ni^{2+} MoO$_4^{2-}$

图 7.1　NiMo/ESS 的合成示意图

作为对照，分别将 20mg 的 Pt/C（质量分数为 20%）和 IrO_2 溶于 560μL 乙醇、40μL Nafion 和 400μL 去离子水超声 15min 形成均匀的液体，然后分别滴在 ESS 上面，催化剂的负载量约为 3.0 mg/cm²。

7.3　表征设备与方法

XRD 图谱在带有 Links XE 阵列检测器和 Cu $K_α$ X 射线（40kV 和 40mA）的 Bruker D8 Advance 衍射仪上进行了测试。SEM 和 EDS 在 FEL MLA650F 扫描电子显微镜上进行测试，电子束的能量分别是 10keV 和 20keV。TEM 是在 Talos F200x（Thermo Fischer）上进行测试，施加电压为 200kV。样品的化学组成和价态由 XPS（Thermo Scientific K-Alpha+ of 1486.6eV）测得。由于 SS 基底峰强较强，将电催化剂从 SS 上刮下来进行 XRD 测试。

所有的电化学测试都是在电化学工作站（CHI760E）上的三电极系统中进行的。在 1.0mol/L KOH（pH=14）电解液中，制作的样品直接作为自支撑工作电极，碳棒作为对电极，Ag/AgCl（饱和 KCl 溶液）作为参比电极。工作电极以 50mV/s 的扫描速率经 50 次循环伏安扫描进行电化学预活化。HER 和 OER 的 LSV 曲线分别从 −0.8 ~ −1.6V 和 0 ~ 1V（vs Ag/AgCl）以 5mV/s 的扫描速率进行测试。根据式（7.1）和式（7.2）分别计算 HER 和 OER 的过电位：

$$\eta(mV) = E_m(vs. Ag/AgCl) + 0.197 + 0.059pH \qquad (7.1)$$

$$\eta(mV) = E_m(vs. Ag/AgCl) + 0.197 + 0.059pH - 1.23(vs. RHE) \qquad (7.2)$$

式中，η 为过电位；E_m 为测试电压。以 5mV/s 的扫描速率进行 Tafel 测试，并根据式（7.3）计算 Tafel 斜率：

$$\eta = b\lg j + a \qquad (7.3)$$

式中，η、b 和 j 分别为过电位、Tafel 斜率和电流密度。长期稳定性是评价电催化剂性能的重要标准之一。采用多步计时电势法分别对电极的 HER 和 OER 催化稳定性进行测试。在过电位为 100mV 下，频率范围是 100000 ~ 0.01Hz，在交流振幅是 5mV 下对 HER 的电化学阻抗谱（EIS）进行测试。OER 的电化学阻抗谱（EIS）测试过电位是 300mV，其他条件和 HER 相同。催化剂的电化学双电层电容（C_{dl}）是由在非法拉第区域通过循环伏安法获得得到双层充电曲线中推导而出。对所有的测量的极化曲线按照式（7.4）进行溶液电阻损耗补偿：

$$E = E_m - iR_s \qquad (7.4)$$

式中，E 为补偿后的电压值；i 为对应的电流值；R_s 为电解液的电阻值。

7.4　NiMo 合金的晶体结构

对所制备的电催化剂利用 X 射线衍射仪进行晶体结构分析。如图 7.2 所示，图 7.2（a）是 NiMo/ESS、Ni/ESS 和 ESS 的 XRD 图谱，其中插图为局部放大图

谱，放大部分的衍射角 2θ 为 41°~45°。图 7.2（b）为从不锈钢网上超声下来的
NiMo 电催化剂粉末 XRD 图谱。图 7.2（a）中，对未做电沉积的不锈钢网进行
XRD 测试，看到在衍射角 2θ =43.6°、50.8°和 74.7°分别对应于不锈钢网（奥氏
体，PDF#33-0397）的（111）、（200）和（220）晶面（图中黑线）；对 Ni/ESS
进行 XRD 测试，看到在衍射角 2θ =44.5°、51.8°和 76.4°分别对应于金属镍
（PDF#04-0850）的（111）、（200）和（220）晶面（图中红线），并且没有明
显的不锈钢网的特征峰，这说明单独对只含有镍元素的电解液进行电沉积可以得
到高结晶度的金属镍。相对的，在 NiMo/ESS 的 XRD 图谱（图中蓝线）中，在
衍射角 2θ 分别为 44.5°、51.8°和 76.4°可以看到峰强不高的金属镍峰，在衍射角
2θ 分别为 43.6°、50.8°和 74.7°时看到与不锈钢网相似的特征峰，对 XRD 图谱
进行局部放大处理在其他角度未发现峰位偏移，但在 43.6°上 NiMo/ESS 的 XRD
图谱相对不锈钢网向右偏移了 0.093°（图 7.2（a）中插图），偏移的原因可能是
电沉积过程中掺入了原子半径较小的镍元素，晶格间距变小，峰位右移。查阅文
献发现，$MoNi_4$ 合金的特征峰与不锈钢网特征峰有重合的现象，为了得到准确的
XRD 结果，避免不锈钢网对 XRD 结果的影响，特对电沉积后的电催化剂进行长
时间的超声震荡，将牢固附着在不锈钢网表面上的电催化剂取下来进行衍射测试
分析（见图 7.2（b））。从衍射图谱中看到在 43.5°、50.4°和 74.7°的特征峰分
别对应于 $MoNi_4$ 合金的（121）、（310）和（312）晶面（PDF#65-5480），说明
成功合成了具有良好结晶度的 $MoNi_4$ 合金。此外，在 XRD 图谱观察到在衍射角
为 30°左右有宽峰，证明有非晶态或者较低结晶度的氧化钼（PDF#05-0508）和
钼酸镍（PDF#34-0394）存在。

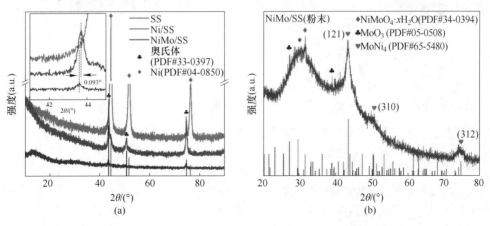

图 7.2　样品 XRD 图谱

（a）SS、Ni/ESS 和 NiMo/ESS 的 XRD 图，插图衍射角度为 41°~45°；（b）NiMo 的粉末 XRD 图

7.5　NiMo 合金的微观形貌

　　对 SS、Ni/ESS 和 NiMo/ESS 的表面结构做了 SEM 测试。从图 7.3（a）和（b）中可以观察到不锈钢网具有非常光滑的表面，为了增大其比表面积，使用 3mol/L 盐酸在 60℃下刻蚀 1h 使表面变得粗糙不平。如图 7.3（c）和（d）所示，在不锈钢网表面单独电沉积形成的金属 Ni 呈现颗粒状，粒径大约在 10μm，并且颗粒表面高低不平。随后在电解液中加入 Mo 元素后重新在不锈钢网表面进行电沉积，如图 7.3（e）和（f）所示，发现颗粒的粒径明显减小，并且颗粒间的直径相差很大，这可能是由于电沉积过程产生的气泡影响了颗粒的成型速率。由小尺寸效应可知，在颗粒粒径变小的同时其比表面积会显著增加，增大的催化剂比表面积可以暴露出更多宜于催化反应的活性位点，促进水电解。

图 7.3　样品的 SEM 图像

(a)，(b) SS；(c)，(d) Ni/ESS；(e)，(f) NiMo/ESS

　　为了进一步研究电催化剂的微观结构，做了透射电子显微镜（TEM）测试。如图 7.4（a）所示，NiMo/SS 电催化剂是一颗半径约 600nm 的颗粒结构，并且颗粒的周边具有类似于触角的结构，这有利于增加电催化剂比表面积，提供更多的活性位点用于催化反应。这个结构与图 7.3（f）的 SEM 图像的形貌是一致的。高分辨透射电镜（HR-TEM）图像（见图 7.4（b））显示出制备的电催化剂拥有清晰的晶格条纹，晶格间距经测量为 0.208nm，且通过比对 XRD 中的 PDF 卡片后发现该晶格条纹属于 $MoNi_4$ 合金（PDF#65-5480）的（121）晶面。在 HR-TEM 未发现属于氧化钼和钼酸镍的晶格条纹，说明它们的结晶性差，这与 XRD 分析结果不谋而合。如图 7.4（c）所示，颗粒的选区电子衍射（SAED）的衍射环很好地对应于 MoNi$_4$ 合金相的（121）、（310）、（312）和（431）晶面。
NiMo/SS 的元素映射图像（见图 7.4（d））说明了颗粒中存在 Mo 和 Ni 元素，
且呈现均匀分布的状态，这意味着 MoNi$_4$ 合金粒子也均匀地分布在电催化
剂中。

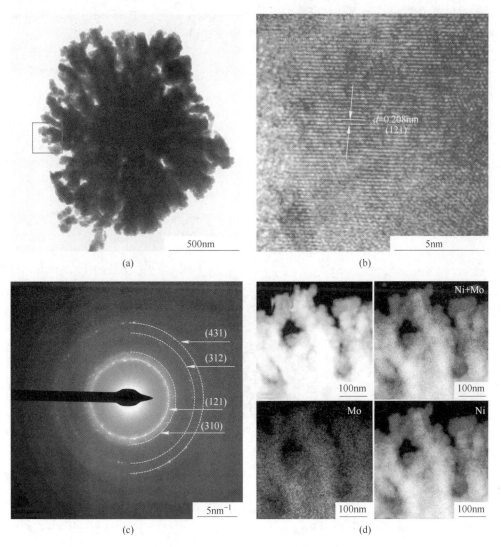

图 7.4　样品透射电镜表征
（a）NiMo/ESS 的透射电子显微镜（TEM）图像；（b）高分辨率的透射电镜（HR-TEM）图像；
（c）选区衍射（SAED）图像；（d）对应的 EDS 元素映射图像

此外，对 NiMo/ESS 电催化剂中的各元素进行了基本的能量色散 X 射线光谱
分析（EDS）。如图 7.5（a）所示，制备的 NiMo/ESS 的基本元素组成是 Ni 和

Mo，其中 Ni 与 Mo 的原子占比分别为 78.87% 和 21.13%，即 Ni：Mo 原子比约是 4：1，这与 XRD 和 TEM 的分析结果 MoNi$_4$ 合金基本吻合。因为电催化剂一直暴露在空气中，所以 O 元素肯定也是电催化剂的基本元素之一，定会与空气发生相互作用。在图 7.5（b）中可以发现 Ni 和 Mo 元素相互交错在一起，并且两个元素在 NiMo/ESS 电催化剂的选区内均匀分布（见图 3.5（c）和（d））。所制备电催化剂的详细化学结构与元素价态由 X 射线光谱（XPS）确定。

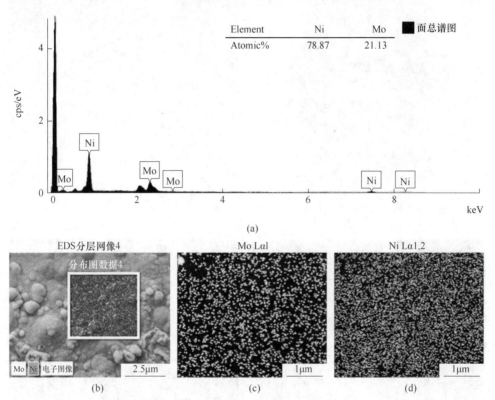

图 7.5　NiMo/ESS 的 EDS 图谱及元素分布
（a）EDS 光谱；（b）EDS 图像；（c）Mo 对立的基本映射图像；（d）Ni 对应的基本映射图像

7.6　NiMo 合金的元素价态

用 X 射线光电子能谱（XPS）对制备的 NiMo/ESS 电催化剂中组成元素的详细电子态进行了表征。如图 7.6 所示，使用高斯拟合方法，对 NiMo/ESS 的 Ni 2p、Mo 3d 和 O 1s 光谱分别拟合出最佳的自旋轨道峰和最佳的卫星峰。在图 7.6（a）中，Ni^0 2$p_{3/2}$ 拟合峰的结合能是 852.44eV，属于 MoNi$_4$ 合金中的单质镍元素。Ni^0 2$p_{1/2}$ 拟合峰的结合能是 869.06eV。结合能 857.99eV 和 875.81eV 分别属于 Ni^0 2$p_{3/2}$ 和 Ni^0 2$p_{1/2}$ 的震动卫星峰。Ni 2$p_{3/2}$ 拟合峰的结合能是 856.09eV，属于 MoNi$_4$ 合金中的 O—Ni 键，其中镍来源于镍的化合物，氧来源于外部，当电催化剂暴露在空气和水中时表面会发生氧化现象形成氧化镍。Ni 2$p_{1/2}$ 拟合峰的结合能是 873.74eV。结合能 861.70eV 和 879.56eV 分别属于 Ni 2$p_{3/2}$ 和 Ni 2$p_{1/2}$ 的震动卫星峰[18]。在图 7.6（b）中，Mo^0 3$d_{5/2}$ 拟合峰的结合能是 227.58eV，对应于 MoNi$_4$ 合金中的单质钼元素。Mo^0 3$d_{3/2}$ 拟合峰的结合能是 230.77eV。Mo^{4+} 3$d_{5/2}$ 拟合峰的结合能是 230.58eV。Mo^{4+} 3$d_{3/2}$ 拟合峰的结合能是 234.41eV。Mo^{6+} 3$d_{5/2}$ 拟合峰的结合能是 232.2eV。Mo^{6+} 3$d_{3/2}$ 拟合峰的结合能是 235.4eV。XPS 光谱中存在的 Mo^{4+} 和 Mo^{6+} 均来源于电催化剂表面的 Mo 在空气和水中被氧化的结果[19]。这些钼的氧化物与金属钼共存意味着样品中是混合组成。图 7.6（c）中，在 O1s 的拟合峰中，在结合能为 530.87eV 的峰归属于金属氧键，如 Ni—O 键与 Mo—O 键。在结合能为 531.96eV 的峰归属于吸附氧，如空气和水中的氧。

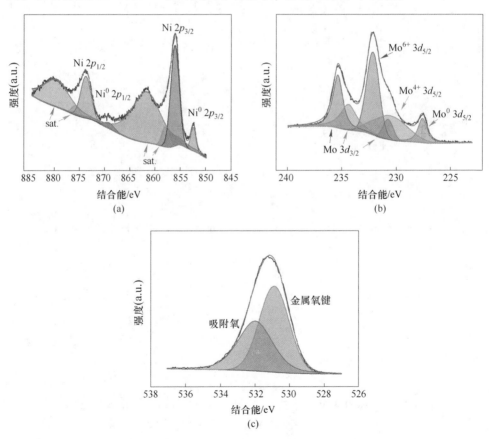

图 7.6　NiMo/ESS 的 XPS 光谱

(a) Ni 2p；(b) Mo 3d；(d) O 1s

7.7 NiMo 合金的电化学性能

在 1mol/L KOH 中, 对每个实验组进行了电化学测试, 图 7.7 和图 7.8 分别为 HER 和 OER 的电化学相关测试结果图。如图 7.7 (a) LSV 曲线所示, 在电流密度为 $-10mA/cm^2$ 时, $NiMo_6/ESS-10-3$ 的析氢过电位的绝对值明显小于其他实验条件的过电位的绝对值, 这表明 $NiMo_6/SS-10-3$ 是最佳的 HER 催化剂。由 Tafel 斜率图 (见图 7.7 (b)), 得知 $NiMo_6/SS-10-3$ 的 Tafel 斜率最小为 97.41mV/dec, 处于 30mV/dec 和 120mV/dec 之间, 表明 HER 是 Volmer-Heyrovsky 反应过程。对每个实验组进行不同扫描速率的循环伏安 (CV) 测试, 以阳极与阴极电流密度的差值作为纵坐标, 扫描速率为横坐标, 绘制图 7.7 (c), 计算出每个实验组的 C_{dl}。对比

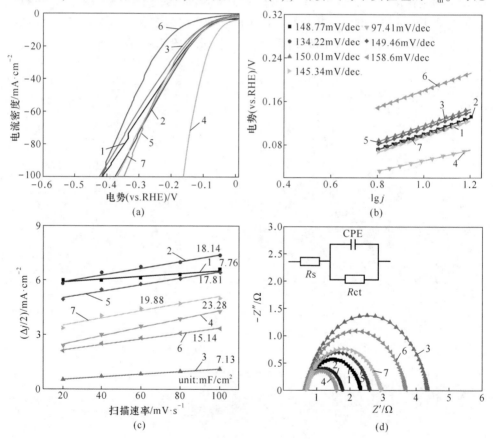

图 7.7 在 1mol/L KOH 中, 所有实验组分的 HER 相关的电化学测试结果

(a) LSV 图; (b) 塔菲尔斜率; (c) C_{dl}; (d) 电化学阻抗谱

1—$NiMo_4/ESS-10-2$; 2—$NiMo_4/ESS-10-3$; 3—$NiMo_4/ESS-10-4$; 4—$NiMo_6/ESS-10-3$;

5—$NiMo_8/ESS-10-3$; 6—$NiMo_6/ESS-5-3$; 7—$NiMo_6/ESS-15-3$

发现 NiMo$_6$/ESS-10-3 拥有最大的 C_{dl} 为 23.28mF/cm^2，表明其 ECSA 最大，供 HER 的活性位点最多，促进催化反应，这与 LSV 结果吻合。同时对每个实验组也进行了电化学阻抗谱（EIS）的测试分析电催化剂的电荷转移电阻，通过比较奈奎斯特图（见图7.7（d））中半圆直径直观地发现 NiMo$_6$/ESS-10-3 的半圆直径最小，说明其具有最小的电荷转移电阻，在催化反应过程中电荷转移最快，有利于催化反应，这也与 LSV 结果相吻合。类似的，如图7.8 所示，在电流密度为 10mA/cm^2 时，NiMo$_6$/SS-10-3 拥有最小的析氧过电位，其 Tafel 斜率为 51.11mV/dec，小于其他实验组，C_{dl} 值为 163.24mF/cm^2，大于其他实验组，电荷转移电阻也小于其他组。综上所述，最佳的实验条件确定为 0.27mol/L NiCl$_2$·6H$_2$O，0.18mol/L C$_6$H$_5$Na$_3$O$_7$·2H$_2$O 和 0.06mol/L Na$_2$MoO$_4$·2H$_2$O，电沉积的电流密度为 -30mA/cm^2，电沉积时间为 100min，记为 NiMo/ESS。

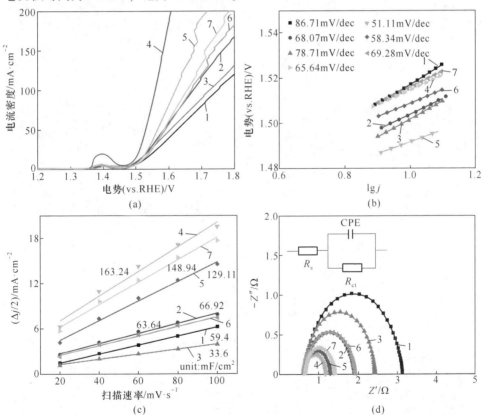

图 7.8　在 1mol/L KOH 中，所有实验组分的 OER 相关电化学测试结果

（a）LSV 图；（b）塔菲尔斜率；（c）C_{dl}；（d）电化学阻抗谱

1—NiMo$_4$/ESS-10-2；2—NiMo$_4$/ESS-10-3；3—NiMo$_4$/ESS-10-4；4—NiMo$_6$/ESS-10-3；

5—NiMo$_8$/ESS-10-3；6—NiMo$_6$/ESS-5-3；7—NiMo$_6$/ESS-15-3

　　确定最佳的实验条件后，在该条件下重新做了新的对照组单金属镍（Ni/ESS）以及同等负载量的贵金属基催化剂（Pt/C 20%、RuO$_2$ 和 IrO$_2$）。在 1mol/L KOH 中，使用三电极瓶对 NiMo/ESS、Ni/ESS 及贵金属进行了电化学测试，比较了 HER 性能。电极瓶内存在溶液电阻，所以对 HER 的 LSV 曲线进行 IR 补偿（见图7.9（b））。图7.9（a）为 IR 校准后的 LSV 曲线。虽然 NiMo/ESS

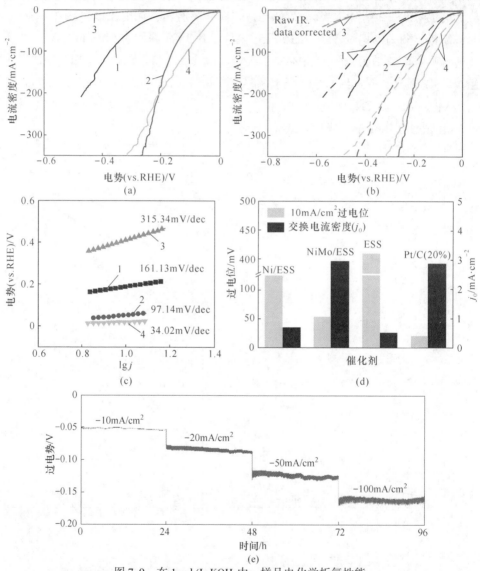

图 7.9　在 1mol/L KOH 中，样品电化学析氢性能

（a）Ni/ESS、NiMo/ESS、ESS 和 Pt/C（20%）的析氢 LSV 极化曲线；

（b）IR 补偿前后的 LSV 极化曲线对比图；（c）由图（a）导出的 Tafel 图；

（d）比较了 Ni/SS、NiMo/SS、SS 和 Pt/C（20%）在电流密度为-10mA/cm^2 时的过电位与交换电流密度 j_0；

（e）NiMo/SS 的多步计时电势曲线（电流密度：-10~-100mA/cm^2）

在小电流密度下表现出的活性高于 Ni/ESS 和 SS，还是不如商用 Pt/C（20%），但已经高于最近文献报道的相似电催化剂的催化活性（见表 7.1），而且在大电流密度下，NiMo/ESS 表现出高于商用 Pt/C（20%）的活性。特别的，在 -10mA/cm² 的电流密度时，NiMo/ESS 的过电位低至 53mV，此时商用 Pt/C（20%）、Ni/ESS 和 ESS 的过电位分别是 16mV、182mV 和 409mV。在电流密度为 -200mA/cm² 时，NiMo/SS 的过电位是 206mV，此时商用 Pt/C（20%）和 Ni/ESS 的过电位分别 205mV 和 464mV。而在电流密度为 -300mA/cm² 时，NiMo/ESS 的过电位是 238mV，小于商用 Pt/C（20%）的过电位（274mV）。值得注意的是，ESS 在电流密度为 -100mA/cm² 和 Ni/ESS 在电流密度为 -300mA/cm² 时的过电位值无法进行测试，进一步证明 NiMo/SS 具有高催化性能。NiMo/ESS 也显现出 97.14mV/dec 的 Tafel 斜率远小于 Ni/ESS 和 ESS（见图 7.9（c））。此 Tafel 斜率值表明在 NiMo/ESS 上遵循 Volmer-Heyrovsky 机制发生的两电子转移过程[22]，而且 NiMo/ESS 的交换电流密度（j_0）为 2.94mA/cm² 远大于 Ni/SS（0.68mA/cm²）。从图 7.9（d）的柱状图中可以直接看出过电位和交换电流密度的大小，小的 Tafel 斜率与大的 j_0 反映出 NiMo/ESS 是一个具有优异催化性能的电催化剂，催化性能高效的原因是 $MoNi_4$ 合金颗粒表面粗糙不平与小尺寸效应共同增大了可以暴露出活性位点的表面积，活性位点越多越有利于催化反应，而且钼与镍间的协同作用也会提高催化性能。为了测试 NiMo/ESS 对 HER 的长期耐久性，做了连续多步计时电势稳定性测试（见图7.9（e）），电流密度从 -10mA/cm² 逐渐升至 -100mA/cm²，在这过程中 NiMo/ESS 表现出极强的 HER 稳定性，而且随着电流密度的增大，测试曲线出现上下抖动的现象，这是因为稳定性测试期间产生的气泡会阻碍电解液与电催化剂接触。

表 7.1 作者工作与最近文献之间的 HER 性能对比

电催化剂	电解液	基体	电流密度 10mA/cm² 的过电位/mV	Tafel 斜率 /mV · dec⁻¹	引用
NiMo	1.0mol/L KOH	不锈钢网	53	97.14	作者工作
Ni_3S_2@ MoS_2/FeOOH	1.0mol/L KOH	泡沫镍	95	85	[20]
MoS_2/Ni_3S_2	1.0mol/L KOH	泡沫镍	110	88	[21]
2D-MoS_2/Co(OH)$_2$	1.0mol/L KOH	玻碳电极	125	76	[22]
Ni-Se-Mo	1.0mol/L KOH	玻碳电极	101	98.9	[23]
N-NiMoS	1.0mol/L KOH	泡沫镍	68	86	[24]
MoS_2/NiS/MoO_3	1.0mol/L KOH	钛板	91	54.5	[25]
Ni-Mo/C	0.1mol/L KOH	玻碳电极	100	—	[26]
Ni(OH)$_2$/MoS_2/CC	1.0mol/L KOH	碳布	80	60	[27]
$MoSe_2$/$Ni_{0.85}$Se	1.0mol/L KOH	泡沫镍	117	66	[28]

普遍认为优异的电催化性能意味着电催化剂具有较大的电化学活性比表面积（ECSA）。为了获得 ECSA，通过 CV 测试计算得到了双电层电容（C_{dl}）并估算出 ECSA。图 7.10 是 Ni/ESS、NiMo/ESS 和 ESS 的 CV 曲线以及双电层电容（C_{dl}）。如图 7.10（d）所示，NiMo/ESS 的 C_{dl}（23.28mF/cm²）大于 Ni/ESS（12.93mF/cm²）和 ESS（0.94mF/cm²），因而具有最大的 ECSA，这主要归因于其小尺寸的颗粒粗糙不平的形貌增大了比表面积。为了深入了解电催化剂的本征活性，对 HER 的 LSV 曲线进行归一化到 ECSA 处理（见图 7.11（a））。发现在相同电压下，NiMo/ESS 表现出大于 Ni/SS 的电流密度，表明 NiMo/ESS 的本征活性大于 Ni/ESS。为了进一步了解电催化剂 HER 的过程，在 1mol/L KOH 溶液中在 -1.123V（vs. Ag/AgCl）的电压下进行了电化学阻抗测试。如图 7.11（b）所示，NiMo/ESS 电化学阻抗谱图半圆的直径小于 Ni/ESS 和 ESS，表明 NiMo/ESS

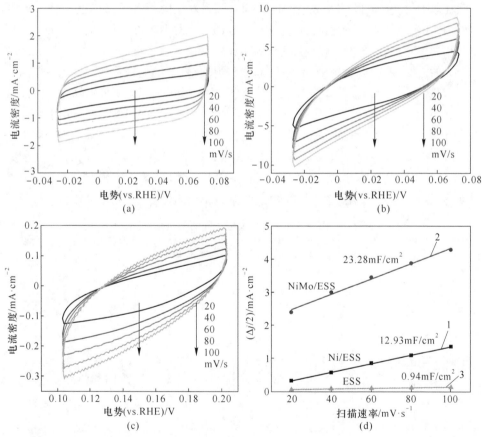

图 7.10 样品 CV 曲线及双电层电容

（a）Ni/ESS 的 CV 曲线；（b）NiMo/ESS 的 CV 曲线；（c）ESS 的 CV 曲线；（d）双电层电容

1—Ni/ESS；2—NiMo/ESS；3—ESS

的电荷转移电阻最小，进一步证实有 NiMo/ESS 较快的 HER 动力学。其实，本征活性也可以用转换频率（TOF）来评估。通过由化学方法算出 NiMo/SS 催化剂的活性位点的数量是 $4.91×10^{-5}$ mol，而纯 Ni/ESS 催化剂的活性位点数量是 $1.14×10^{-5}$ mol，这意味着 NiMo/SS 催化剂的活性位点是纯 Ni/ESS 催化剂的 4.3 倍（见图 7.12）。根据 TOF 的计算方法算得 NiMo/ESS 在 100mV 的过电位下得 TOF 值为 $0.0035s^{-1}$，远大于 Ni/SS（$0.0013s^{-1}$），说明镍和钼两种元素共同沉积形成得 $MoNi_4$ 合金有助于提高 HER 活性。

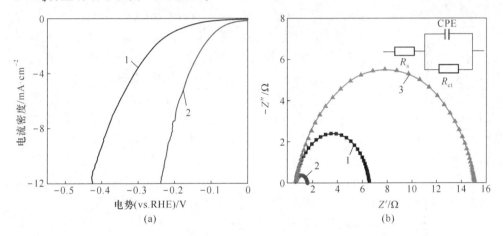

图 7.11　样品归一化极化曲线及电化学阻抗

（a）极化曲线归一化到电化学比表面积；（b）Ni/ESS、NiMo/ESS 和 SS 的 HER 电化学阻抗谱

1—Ni/ESS；2—NiMo/ESS；3—ESS

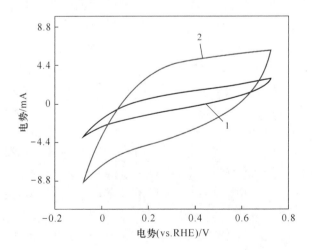

图 7.12　NiMo/ESS 和纯 Ni/ESS 电极在 -0.1V 和 0.7V（vs. RHE）电位范围内的 CV 曲线

（扫描速度为 50mV/s，电解质为 1mol/L 磷酸盐缓冲盐水（PBS））

1—Ni/ESS；2—NiMo/ESS

在 1mol/L KOH 中，进一步研究了 Ni/ESS、NiMo/ESS、SS 及贵金属基（RuO$_2$ 和 IrO$_2$）电催化剂的 OER 性能。图 7.13（a）是经过 IR 校准的 LSV 曲线。NiMo/ESS 表现出优异的 OER 性能，电流密度为 10mA/cm^2 和 100mA/cm^2 时，其过电位分别为 261mV 和 329mV。在相同电流密度下，Ni/ESS、ESS、RuO$_2$ 和 IrO$_2$ 的过电位分别是 295mV 和 377mV、373mV 和 533mV、266mV 和 381mV 及 333mV 和 467mV。Ni/ESS 和 NiMo/ESS 在 1.35~1.45V（vs. RHE）间有明显的氧化峰，这是 OER 过程中元素镍被氧化的缘故。有趣的是，在 OER 过程中，Ni/ESS 的氧化峰很弱，几乎看不到。但加入钼元素后，出现了一个巨大的氧化峰，这可能是加入钼元素共沉积导致颗粒变小，比表面积变大，且钼和镍之间产生协同效应促进 OER 反应，导致镍被加速氧化。图 7.13（b）是 IR 校准前后的 LSV 曲线对比图。如图 7.13（c）所示，NiMo/ESS 的 Tafel 斜率是 48.72mV/dec，小于 Ni/ESS（49.14mV/dec）、ESS（67.92mV/dec）及商用的 RuO$_2$（70.84mV/dec）和 IrO$_2$（67.69mV/dec）。这么小的 Tafel 斜率可以进一步归因于 MoNi$_4$ 合金中钼和镍之间的协同作用及小尺寸的颗粒的形貌，可以暴露出更多的活性位点加快 OER 进程。图 7.13（d）是过电位与 Tafel 斜率的柱状图，直观地表现出 NiMo/SS 具有优异的 OER 活性。为了测试 NiMo/ESS 对 OER 的长期耐久性，对 NiMo/SS 做了连续多步计时电势稳定性测试（见图 7.13（e）），电流密度从 10mA/cm^2 逐渐升至 50mA/cm^2，在 10mA/cm^2 时 NiMo/ESS 表现出极强的 OER 稳定性，但紧接着的 20mA/cm^2 和 50mA/cm^2 时过电位分别约衰减 2.8% 和 8%，这意味过电位在稳定性测试时变大，且 72h 测试后的过电位（327mV）已经约等于 100mA/cm^2 时的过电位（328mV）。测试曲线出现轻微的抖动，这是因为稳定性测试期间产生的气泡会阻碍电解液与电催化剂接触。

类似的，电化学比表面积（ECSA）与双电层电容（C_{dl}）是正相关的关系，通过 CV 测试计算得到了双电层电容（C_{dl}）可以估算出 ECSA。图 7.14 是 Ni/ESS、NiMo/ESS 和 ESS 的 CV 曲线以及双电层电容（C_{dl}）。如图 7.14（d）所示，NiMo/SS 的 C_{dl}（163.24mF/cm^2）大于 Ni/SS（61.11mF/cm^2）和 SS（0.77mF/cm^2），根据相关性知道 NiMo/SS 的 ECSA 值最大，这主要是因为 NiMo/SS 的颗粒尺寸较小，有更多的比表面积。为了深入了解电催化剂的本征活性，对 OER 的 LSV 曲线进行归一化到 ECSA 处理（见图 7.15（a））。发现在相同电压下，NiMo/SS 表现出大于 Ni/ESS 的电流密度，表明 NiMo/ESS 的本征活性大于 Ni/ESS。为了进一步了解电催化剂 OER 的过程，在 1mol/L KOH 溶液中在 0.5V（vs. Ag/AgCl）的电压下进行了电化学阻抗测试。如图 7.15（b）所示，NiMo/ESS 奈奎斯特图半圆的直径小于 Ni/ESS 和 ESS，表明 NiMo/SS 的电荷转移电阻最小，OER 过程中电荷转移速率最快，最有利于催化反应的进行。

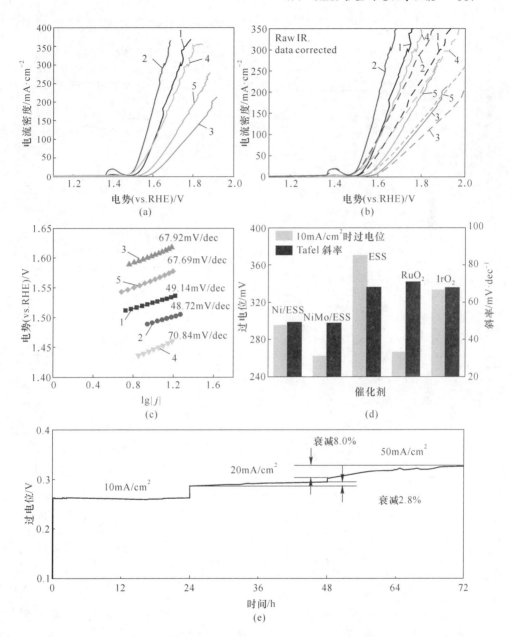

图 7.13 在 1mol/L KOH 中，样品电化学析氧性能

（a）Ni/ESS、NiMo/ESS、ESS、RuO$_2$ 和 IrO$_2$ 的析氧 LSV 极化曲线；

（b）IR 补偿前后的 LSV 极化曲线对比图；（c）由图（a）导出的 Tafel 图；

（d）Ni/SS、NiMo/ESS、ESS、RuO$_2$ 和 IrO$_2$ 在电流密度为 10mA/cm^2 时的过电位与 Tafel 斜率对比；

（e）NiMo/ESS 的多步计时电势曲线（电流密度：10~50mA/cm^2）

1—Ni/ESS；2—NiMo/ESS；3—ESS；4—RuO$_2$；5—IrO$_2$

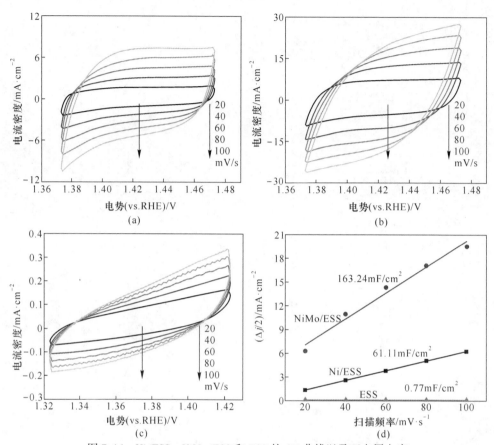

图 7.14 Ni/ESS、NiMo/ESS 和 ESS 的 CV 曲线以及双电层电容

（a）Ni/ESS 的 CV 曲线；（b）NiMo/ESS 的 CV 曲线；（c）ESS 的 CV 曲线；（d）双电层电容

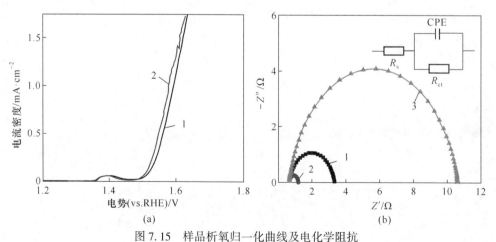

图 7.15 样品析氧归一化曲线及电化学阻抗

（a）极化曲线归一化到 ECSA；（b）Ni/SS、NiMo/ESS 和 ESS 的 OER 电化学阻抗谱

1—Ni/ESS；2—NiMo/ESS；3—ESS

7.8 NiMo 合金的循环测试后的表征

对稳定性测试之后的电催化剂进行了 SEM 和 XPS 表征，如图 7.16 所示，从电催化剂稳定性测试后的 XPS 图中看到，通过高斯拟合，发现单质 Ni^0 $2p_{3/2}$ 和 Ni^0 $2p_{1/2}$ 峰消失不见，在原有 Ni^{2+} $2p_{3/2}$ 和 Ni^{2+} $2p_{1/2}$ 峰的基础上又拟合出了 Ni^{3+} $2p_{3/2}$ 和 Ni^{3+} $2p_{1/2}$ 峰，且 Ni^{3+} $2p_{3/2}$ 的结合能是 857.2eV，查询 NIST-X 射线光电子能谱数据库发现与羟基氧镍的结合能相同。Mo^0 $3d_{5/2}$ 和 Mo^0 $3d_{3/2}$ 峰消失不见，但结合能在 228.16eV 和 232.11eV 的拟合峰分别是 Mo $3d_{5/2}$ 和 Mo $3d_{3/2}$，均属于 Mo^{4+}。结合能为 235.29eV 的拟合峰是 Mo^{6+} 的氧化态。相较于稳定性测试前，单质镍峰和消失的原因可能是稳定性测试周期过长，导致单质镍在稳定性测试期间形成氢氧化物。单质钼峰消失的原因可能是稳定性测试期间被氧化成氧化钼，形成的氢氧化物覆盖在电催化剂表面，使 Mo $3d$ 的峰强明显弱于图 7.16（b）所示的 Mo $3d$ 峰。在图 7.16（c）中，对 O $1s$ 高斯拟合后发现，稳定性测试前的金属氧键（530.87eV）变成了羟基氧键（531.26eV），也证明了前面确实生成了羟基

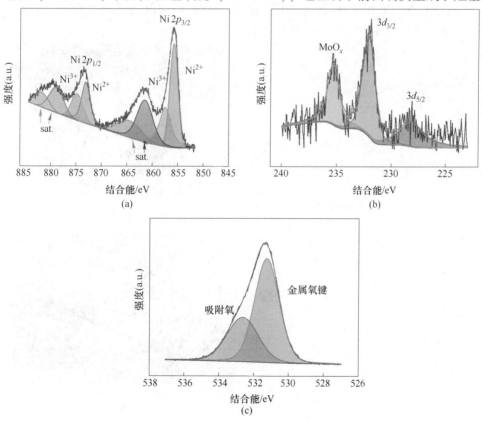

图 7.16 NiMo/ESS 循环稳定性测试之后的 XPS 图

（a）Ni $2p$；（b）Mo $3d$；（c）O $1s$

氧镍。稳定性测试前的吸附氧所对应的峰也发生偏移，但通过比对 X 射线光电子能谱数据库发现稳定性测试后仍属于吸附氧。电催化剂中 Ni 元素的化合价由之前 0 价镍与 2 价镍混合变成 2 价镍与 3 价镍混合，这种高价镍的存在有利于促进催化反应已经得到证明，这也是在单质镍和单质钼被氧化后电催化剂依然具有良好稳定性的原因。对比表 7.2 中循环前后电催化剂表面的元素原子比可以更直观地看到元素含量的变化，循环后表面的钼元素含量急剧下降，损耗了近 11%，镍元素含量下降 4%，氧元素含量约上升了 15%。

表 7.2　NiMo/ESS 表面各元素的原子含量　　　　　　　　　　（%）

元素名称	Mo 3d	Ni 2p	O 1s
循环前原子含量	11. 59	17. 76	70. 65
循环后原子含量	0. 76	13. 75	85. 48

如图 7.17 所示，从 SEM 中可以看到电催化剂在稳定性测试后结构未发生太大的变化，说明电催化剂稳定的形貌结构有助于电催化剂的稳定性。但对比循环前后 HER 和 OER 的 LSV 曲线发现，循环后 HER 和 OER 的过电位均有一定的下降，这是表面元素含量下降导致催化性能变弱。

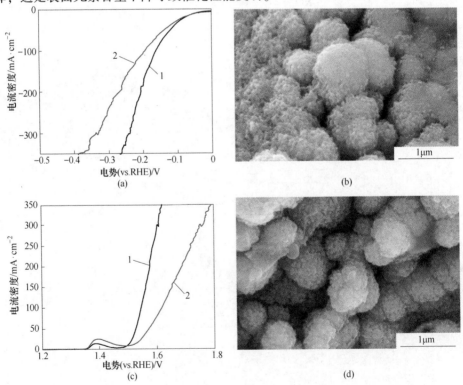

图 7.17　NiMo/SS 循环稳定性测试之后的 HER、OER 的极化曲线及 SEM 图
（a）HER 的极化曲线；（b）HER 的 SEM 图；（c）OER 的极化曲线；（d）OER 的 SEM 图
1—初始；2—稳定性测试后

参 考 文 献

［1］ Davydova E S, Mukerjee S, Jaouen F, et al. Electrocatalysts for hydrogen oxidation reaction in alkaline electrolytes ［J］. ACS Catalysis, 2018, 8 (7): 6665-6690.

［2］ Cong Y, Yi B, Song Y. Hydrogen oxidation reaction in alkaline media: From mechanism to recent electrocatalysts ［J］. Nano Energy, 2018, 44: 288-303.

［3］ Sheng W, Myint M, Chen J G, et al. Correlating the hydrogen evolution reaction activity in alkaline electrolytes with the hydrogen binding energy on monometallic surfaces ［J］. Energy & Environmental Science, 2013, 6: 1509-1512.

［4］ Wang T, Wang M, Yang H, et al. Weakening hydrogen adsorption on nickel via interstitial nitrogen doping promotes bifunctional hydrogen electrocatalysis in alkaline solution ［J］. Energy & Environmental Science, 2019, 12 (12): 3522-3529.

［5］ Sheng W, Bivens A P, Myint M, et al. Non-precious metal electrocatalysts with high activity for hydrogen oxidation reaction in alkaline electrolytes ［J］. Energy & Environmental Science, 2014, 7 (5): 1719-1724.

［6］ Schalenbach M, Speck F D, Ledendecker M, et al. Nickel-molybdenum alloy catalysts for the hydrogen evolution reaction: Activity and stability revised ［J］. Electrochimica acta, 2018, 259: 1154-1161.

［7］ Wang Y, Zhang G, Xu W, et al. A 3D nanoporous Ni-Mo electrocatalyst with negligible overpotential for alkaline hydrogen evolution ［J］. Chem. Electro. Chem., 2014, 1 (7): 1138-1144.

［8］ Teng W, Guo Y, Zhou Z, et al. Ni-Mo nanocatalysts on N-doped graphite nanotubes for highly efficient electrochemical hydrogen evolution in acid ［J］. ACS Nano, 2016, 10 (11): 10397-10403.

［9］ Zhang J, Wang T, Liu P, et al. Efficient hydrogen production on $MoNi_4$ electrocatalysts with fast water dissociation kinetics ［J］. Nat Commun, 2017, 8: 15437.

［10］ Zhou Y, Luo M, Zhang W, et al. Topological formation of a Mo-Ni-based hollow structure as a highly efficient electrocatalyst for the hydrogen evolution reaction in alkaline solutions ［J］. ACS Applied Materials & Interfaces, 2019, 11 (24): 21998-22004.

［11］ Chen Y Y, Zhang Y, Zhang X, et al. Self-templated fabrication of $MoNi_4/MoO_{3-x}$ nanorod arrays with dual active components for highly efficient hydrogen evolution ［J］. Advanced Materials, 2017, 29 (39): 1703311.

［12］ Sun H, Yan Z, Liu F, et al. Self-supported transition-metal-based electrocatalysts for hydrogen and oxygen evolution ［J］. Adv Mater, 2019: 1806326. 1-1806326. 18.

［13］ Balogun M S, Qiu W, Huang Y, et al. Cost-effective alkaline water electrolysis based on nitrogen- and phosphorus-doped self-supportive electrocatalysts ［J］. Adv Mater, 2017, 29 (34): 1702095.

［14］ Zhu Y P, Liu Y P, Ren T Z, et al. Self-supported cobalt phosphide mesoporous nanorod arrays: a flexible and bifunctional electrode for highly active electrocatalytic water reduction and oxidation ［J］. Advanced Functional Materials, 2015, 25 (47): 7337-7347.

［15］ Panek J, Budniok A. Ni + Mo composite coatings for hydrogen evolution reaction ［J］. Surface and Interface Analysis, 2008, 40: 237-241.

[16] McCrory C C, Jung S, Ferrer I M, et al. Benchmarking hydrogen evolving reaction and oxygen evolving reaction electrocatalysts for solar water splitting devices [J]. Journal of the American Chemical Society, 2015, 137 (13): 4347-4357.

[17] Gao M, Yang C, Zhang Q, et al. Facile electrochemical preparation of self-supported porous Ni-Mo alloy microsphere films as efficient bifunctional electrocatalysts for water splitting [J]. Journal of Materials Chemistry A, 2017, 5 (12): 5797-5805.

[18] Dominguez-Crespo M A, Torres-Huerta A M, Brachetti-Sibaja B, et al. Electrochemical performance of Ni-RE (RE=rare earth) as electrode material for hydrogen evolution reaction in alkaline medium [J]. International Journal of Hydrogen Energy, 2011, 36 (1): 135-151.

[19] Wang X, Su R, Aslan H, et al. Tweaking the composition of NiMoZn alloy electrocatalyst for enhanced hydrogen evolution reaction performance [J]. Nano Energy, 2015, 12: 9-18.

[20] Zheng M, Guo K, Jiang W J, et al. When MoS_2 meets FeOOH: a "one-stone-two-birds" heterostructure as a bifunctional electrocatalyst for efficient alkaline water splitting [J]. Applied Catalysis B: Environmental, 2019, 244: 1004-1012.

[21] Zhang J, Wang T, Pohl D, et al. Interface engineering of MoS_2/Ni_3S_2 heterostructures for highly enhanced electrochemical overall-water-splitting activity [J]. Angewandte Chemie International Edition, 2016, 55 (23): 6702-6707.

[22] Zhu Z, Yin H, He C T, et al. Ultrathin transition metal dichalcogenide/3d metal hydroxide hybridized nanosheets to enhance hydrogen evolution activity [J]. Advanced Materials, 2018, 30 (28): 1801171.

[23] Gao Y, He H, Tan W, et al. One-step potentiostatic electrodeposition of Ni-Se-Mo film on Ni foam for alkaline hydrogen evolution reaction [J]. International Journal of Hydrogen Energy, 2020, 45 (11): 6015-6023.

[24] Huang C, Yu L, Zhang W, et al. N-doped Ni-Mo based sulfides for high-efficiency and stable hydrogen evolution reaction [J]. Applied Catalysis B: Environmental, 2020, 276: 119137

[25] Wang C, Tian B, Wu M, et al. Revelation of the excellent intrinsic activity of MoS_2 | NiS | MoO_3 nanowires for hydrogen evolution reaction in alkaline medium [J]. ACS Applied Materials & Interfaces, 2017, 9 (8): 7084-7090.

[26] Patil R B, Mantri A, House S D, et al. Enhancing the performance of Ni-Mo alkaline hydrogen evolution electrocatalysts with carbon supports [J]. ACS Applied Energy Materials, 2019, 2 (4): 2524-2533.

[27] Zhang B, Liu J, Wang J, et al. Interface engineering: the $Ni(OH)_2/MoS_2$ heterostructure for highly efficient alkaline hydrogen evolution [J]. Nano Energy, 2017, 37: 74-80.

[28] Wang D, Li Q, Han C, et al. When NiO@ Ni Meets WS_2 nanosheet array: a highly efficient and ultrastable electrocatalyst for overall water splitting [J]. ACS Central Science, 2018, 4 (1): 112-119.

8 炭化泡沫/石墨烯/二硫化钼复合材料的制备及性能

8.1 引言

二硫化钼（MoS_2）是一种二维层状化合物且层与层之间依靠范德华力连接[1,2]。这种特殊的层状结构能为离子提供更多渗透的通道，加快迁移速率，从而促进电化学反应的进程。很多理论计算和实验结果都表明 MoS_2 的催化活性主要来源于块状 MoS_2 边缘的硫空位，因而通过剥离块状 MoS_2 暴露活性边缘是一种简便有效的方式[3]。Mark A. Lukowski 等人[4]就通过 Li 离子插层的方式将生长在石墨上的半导体 $2H-MoS_2$ 剥离为具有金属纳米片型的 $1T-MoS_2$，这种 $1T-MoS_2$ 在 $10mA/cm^2$ 电流密度下的过电位为 187mV 且塔菲尔斜率达到了 43mV/dec。不同于离子插层剥离，后续的 Deepesh Gopalakrishnan[5] 在 1-甲基-2-吡咯烷酮中超声分散制备出了 MoS_2 量子点点缀的 MoS_2 纳米片异维催化材料，在 0.5mol/L H_2SO_4 中测试的析氢性能的初始过电位为 190mV，表明该复合材料的电催化性能得到了很大提升。单纯的通过剥离块状 MoS_2 来暴露活性面就能促使提升析氢性能，这足以表明 MoS_2 在电催化析氢中的广阔应用前景。

石墨烯[6-8]是由单一碳原子通过 sp^2 杂化构成的六边形二维层状材料。其出色的电导率、巨大的比表面积和极高的电荷迁移率促使它被广泛应用于电催化及储能等领域[9]。围绕催化剂改性的报道不胜枚举，这其中包括元素掺杂[10-12]、异质结构建[13,14]、能带调控[15]等，而本研究主要以具有三维网络结构的三聚氰胺泡沫作为载体，石墨烯为改性包覆层来提升复合材料电子迁移效率，并采用水热法将 MoS_2 纳米片复合到炭基体上，以此对催化剂进行均匀分散暴露更多活性位点来促进析氢反应。通过调节石墨烯浓度来探究包覆量对于析氢性能的影响。

8.2 炭化泡沫/石墨烯/二硫化钼复合材料的制备

氧化石墨烯悬浊液的配制：分别按 5mg/L、15mg/L、25mg/L、50mg/L、75mg/L 和 100mg/L 的浓度各自称取一定质量的氧化石墨烯（购置）配制成 400mL 的悬浊液备用。

炭化三聚氰胺泡沫与还原氧化石墨烯的复合：将 8 块（2cm×2cm×2cm）预先处理好的三聚氰胺泡沫置于一定浓度的氧化石墨烯悬浊液中，常温下磁力搅拌 2h，而后取出泡沫，将多余的水分挤出后置于 60℃真空烘箱中干燥 12h。干燥完全后，在 800℃氩气气氛下对样品进行炭化处理，保温 2h。在炭化处理的同时对氧化石墨烯进行还原。炭化结束后取出样品备用，样品记作 R&CM-n（R 代表还原氧化石墨烯，CM 代表炭化泡沫，n 则表示氧化石墨烯溶液浓度）。

采用二水合钼酸钠和硫脲为原料，以 Mo：S = 1：4 的比例配制一定浓度（$c(Mo^{6+})$ = 2×10^{-2}mol/L）的前驱体溶液 60mL，而后加入不同浓度石墨烯改性的炭化泡沫混合搅拌 30min，使得泡沫与前驱体溶液充分接触。紧接着装入 100mL 的反应釜内在 200℃下保温 24h。反应结束，再用无水乙醇和去离子水分别洗涤 3 次，而后在 60℃烘箱内干燥，得到的样品记作 R&CMMS-n（MS 代表 MoS_2），详见图 8.1。

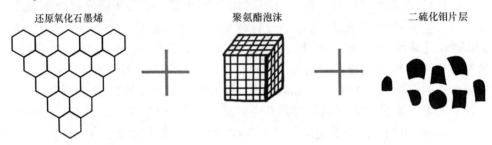

还原氧化石墨烯　　　　　　　聚氨酯泡沫　　　　　　　二硫化钼片层

图 8.1　炭化泡沫/石墨烯/MoS_2 复合示意图

8.3　表征设备与方法

通过日本理学 Rigaku Miniflex-600 型 X 射线粉末衍射仪（Cu K_α 线，波长为 0.15418nm 管电压和管电流分别为 40 kV 和 15 mA，扫描速度为 10°/min，扫描范围 10°~80°）表征样品的物相组成；使用 ML-A650F 型扫描电子显微镜和 FEI Tecnai G2 F20 型场发射透射电子显微镜对样品的微观形貌和结构进行表征，并对特定区域进行了能谱面扫。

采用 CHI760E 电化学工作站（上海，辰华）在 1mol/L KOH 溶液中以 2mV/s 扫描速率进行线性伏安扫描。作为对照，在相同条件下测试了 Pt/C 电极的析氢性能。并根据式（8.1）：

$$E(vs. RHE) = E(vs. SCE) + E_{SCE}^{\ominus} + 0.0592pH \quad (E_{SCE}^{\ominus} = 0.242V) \quad (8.1)$$

将所有电位均校正为可逆氢电极。同时也表征了样品的电化学阻抗。

8.4　复合材料的物相、形貌表征

图 8.2 是包覆石墨烯的炭化泡沫的 BET 氮气吸附脱附曲线，计算出来的比表面积为 45.486cm²/g，小插图是它的孔结构分布，从图中可以看出，包覆石墨烯的炭化泡沫的孔主要是介孔以及微孔（50nm 以下）。这种富含孔的导电基底有利于暴露更多的催化剂活性位点，利于电解液的浸润。

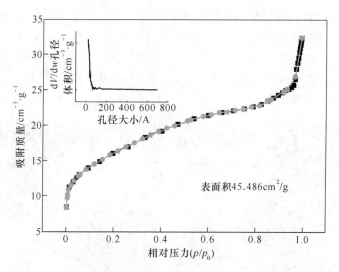

图 8.2 MoS₂/石墨烯/炭化泡沫的吸附脱附曲线及孔结构分布

图 8.3 是不同石墨烯浓度包覆样品的 XRD 图谱,对照晶体数据库 PDF 卡片 #37-1492 可以明显看出六方二硫化钼的主要峰位,在 2θ 为 14.4°、32.7°、39.5° 和 58.3° 的位置为对应着六方 MoS₂ 的(002)、(100)、(103)和(110)晶面。其中,浓度较低的 R&CMMS-5 和 R&CMMS-15 中存在明显的杂相,且结晶度较差。这可能是由于石墨烯含量极低时,不能在炭化泡沫上形成有效包覆,在水热反应过程中极易从炭化泡沫上脱落,影响了 MoS₂ 在炭化泡沫上的成核和生长。R&CMMS-25、R&CMMS-50、R&CMMS-75 和 R&CMMS-100 这四组材料中只有 R&CMMS-25 未观测到杂相,其余 3 组在 2θ = 20° ～ 30° 均存在一定程度的凸起,

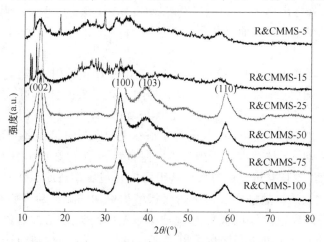

图 8.3 MoS₂/石墨烯/炭化泡沫 X 射线衍射图

这些衍射峰对应的是还原氧化石墨烯的特征峰，是由过量的石墨烯所导致的。

图8.4为包覆石墨烯后炭化泡沫的 SEM 照片。从图8.4中可以很明显地看出，三维碳基骨架表面被很多褶皱状石墨烯层包裹，显得粗糙而不平整。对比之前文献中报道的直接炭化的三聚氰胺泡沫，包覆石墨烯后不规整的表面能提供更多的形核的位点，更利于催化剂的生长和分散，这对于改善析氢性能具有一定影响。

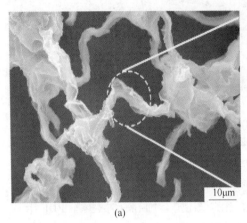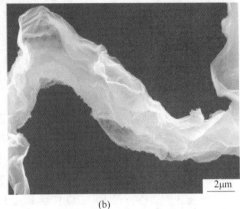

(a)   (b)

图 8.4 包覆石墨烯的炭化泡沫

图 8.5 是没有包覆石墨烯样品（CMMS）、R&CMMS-25 和 R&CMMS-100 的 SEM 照片。从图 8.5 中可以很明显地看出，没有包覆石墨烯的样品，炭骨架上基本被 MoS_2 片层覆盖，MoS_2 片层聚集成半球状生长在炭泡沫表面（见图 8.5（a）和（b））。包覆石墨烯后，R&CMMS-25 形貌变化不大，MoS_2 的纳米片竖直生长在三维碳骨架上，但半球状聚集不明显（见图 8.5（c）和（d）），这种片层竖直排布有利于暴露出更多活性位点，而 R&CMMS-100 中的 MoS_2 则以半球形的团簇牢牢地吸附在碳骨架表面（见图 8.5（e）和（f）），MoS_2 纳米片的厚度约为 $15 \sim 20nm$。

图 8.6 为样品 R&CMMS-25 的高分辨透镜照片及衍射图片，图（a）、（c）分别为图（b）红色圆圈区域内的衍射花样图，从图 8.6（a）可以明显看出多晶衍射环的存在，经标定，其主要对应于六方 MoS_2 的（101）、（103）、（105）和（107）晶面，然而图 8.6（c）的衍射环则不是很明显，这主要是因为所选区域为边缘非晶区域，晶体发育并不理想，同时，从对应于图 8.6（c）的衍射选区可以看出其边缘有层状堆叠的迹象。这很可能是包裹的还原氧化石墨烯。图 8.6（d）进一步放大后，晶格条纹边缘的层状堆积更加明显，与多层石墨烯的结构相同，所以可以确定边缘的非晶态就是所包覆的还原氧化石墨烯。选取图 8.6（e）中合适的晶格条纹进行测量可以发现，该晶格条纹的晶格间距为 0.615nm，与 MoS_2（002）的晶面间距相对应，该结果与 XRD 的表征也完全吻合，这进一

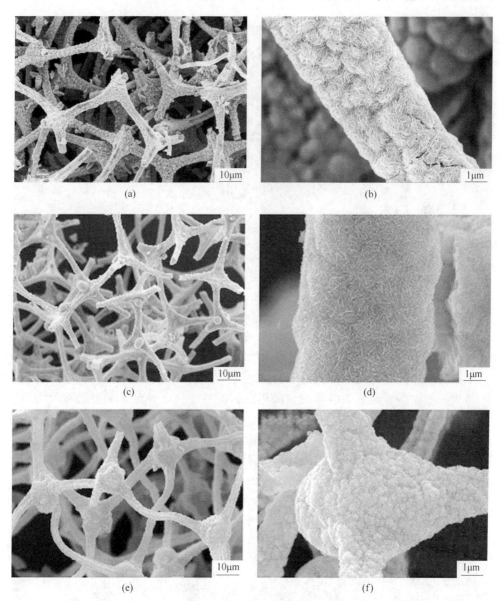

图 8.5 CMMS、R&CMMS-25、R&CMMS-100 的扫描电镜图

(a),(b) CMMS;(c),(d) R&CMMS-25;(e),(f) R&CMMS-100

步确定了该复合材料的主要物相为六方 MoS_2，无其他杂相。

图 8.7 为 R&CMMS-25 的 EDS 能谱图，对左侧区域进行面扫后发现，该复合材料主要含有 Mo、S、C、N 这四种元素。其中 Mo 和 S 元素的含量较高，这主要与合成出的 MoS_2 有关。而 C 则主要是炭化泡沫基体及所包覆的还原氧化石墨烯所贡献，同时本实验主要是在碳基体上复合还原氧化石墨烯并原位生长 MoS_2

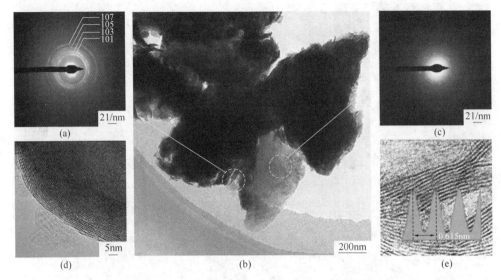

图 8.6　R&CMMS-25 高分辨透射电镜、电子衍射图

(a)~(c) 高分辨透射电镜；(d)，(e) 电子衍射图

纳米片，因而碳基体被包裹，所以显示出的整体 C 元素含量相对较低。同时由于三聚氰胺泡沫本身含氮丰富，在高温炭化过程中，部分 N 会对基体有一个自掺杂的过程，这也就导致了图中 N 元素的出现。此外，这 4 种元素的分布相对均匀，这也突出了碳基体对纳米片 MoS_2 良好的分散作用。

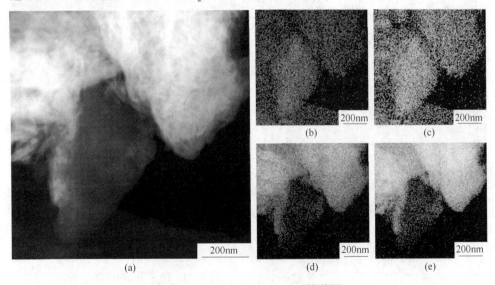

图 8.7　R&CMMS-25 的 EDS 能谱图

(a) R&CMMS-25；(b) C；(c) N；(d) Mo；(e) S

8.5 复合材料的电化学性能

图 8.8 为炭化泡沫/石墨烯/二硫化钼复合材料的 LSV 极化曲线图及相应的 Tafel 斜率、阻抗谱、催化剂寿命测试。从图 8.8（a）和（b）中可以看出，石墨烯浓度对材料的电催化析氢性能有很大的影响，当石墨烯浓度为 25 mg/L 时制备的 R-&CMMS-25 析氢性能最佳，在 10mA/cm² 电流密度下过电位为 163mV，相应的塔菲尔斜率为 76mV/dec，归属于 Volmer-Heyrovsky 一类的析氢动力学路径，即催化剂表面生成的 H₂ 脱附速率，阻碍了整个析氢的进程。没有进行石墨烯改性的样品（CMMS），在 10mA/cm² 电流密度下过电位为 218mV，相应的塔菲尔斜率为 96mV/dec。R&CMMS-5 和 R&CMMS-15 在初始过电位上远高其他样品，主要是由于当石墨烯浓度较低时，没有在炭化泡沫上形成连续稳定的包覆层，在水热过程中极易从炭化泡沫上脱落，导致二硫化钼不能在炭化泡沫上有效

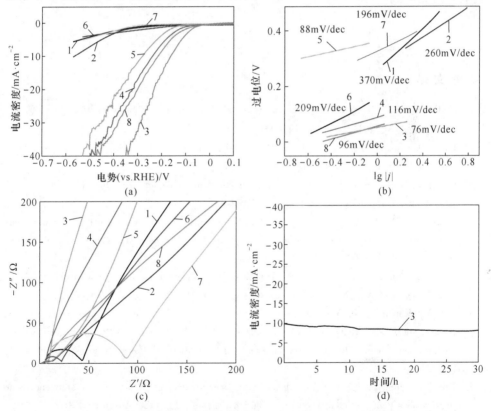

图 8.8　不同条件样品电化学性能测试

（a）极化曲线；（b）塔菲尔斜率；（c）阻抗谱；（d）催化剂寿命测试

1—R&CMMS-5；2—R&CMMS-15；3—R&CMMS-25；4—R&CMMS-50；
5—R&CMMS-75；6—R&CMMS-100；7—R&CMMS-25；8—CMMS

成核和生长，这和 XRD 图谱的结果是吻合的。R&CMMS-50、R&CMMS-75 和 R&CMMS-100 的过电位相比于 R-&CMMS-25 更高可能是由于过量的石墨烯容易引起堆叠，部分遮盖了片层 MoS_2 的活性位点。

由阻抗谱（见图 8.8（c））可看出石墨烯在电催化过程中对复合材料电子迁移速率的影响。通过对比高频区半圆的大小，可定性比较各样品在电催化下的电子迁移速率。结合图 8.8（a）LSV 极化曲线图，可以看出，其在一定电流密度下的过电位排序与各自阻抗大小相吻合，这表明适量石墨烯的掺入的确提升了材料的导电性，促进了整个析氢进程。但同时也可以看出石墨烯的引入并非越多越好，因为石墨烯层越多越容易引起堆叠，这也就直接阻碍了载流子在材料内部的快速移动，减缓了氢气生成速率。

最后我们对析氢性能最好的 R-&CMMS-25 进行催化剂稳定性测试（见图 8.8（d）），样品在 30h 后仍能保持 81% 的电流密度，表明该材料具有较好的稳定性。

参 考 文 献

［1］ Radisavljevic B, Radenovic A, Brivio J, et al. Single-layer MoS_2 transistors ［J］. Nature Nanotechnology, 2011, 6（3）: 147-150.

［2］ Lopez-Sanchez O, Lembke D, Kayci M, et al. Ultrasensitive photodetectors based on monolayer MoS_2 ［J］. Nature Nanotechnology, 2013, 8（7）: 497-501.

［3］ Li W, Qi X P, Yang H, et al. MoS_2 in-situ growth on melamine foam for hydrogen evolution ［J］. Functional Materials Letters, 2019: 1950044.

［4］ Lukowski M A, Daniel A S, Meng F, et al. Enhanced hydrogen evolution catalysis from chemically exfoliated metallic MoS_2 nanosheets ［J］. Journal of the American Chemical Society, 2013, 135（28）: 10274-10277.

［5］ Gopalakrishnan D, Damien D, Shaijumon M M. MoS_2 quantum dot-interspersed exfoliated MoS_2 nanosheets ［J］. ACS Nano, 2014, 8（5）: 5297-5303.

［6］ Choi M, Koppala S K, Yoon D, et al. A route to synthesis molybdenum disulfide-reduced graphene oxide（MoS_2-RGO）composites using supercritical methanol and their enhanced electrochemical performance for Li-ion batteries ［J］. Journal of Power Sources, 2016, 309: 202-211.

［7］ Lee J E, Jung J, Ko T Y, et al. Catalytic synergy effect of MoS_2/reduced graphene oxide hybrids for a highly efficient hydrogen evolution reaction ［J］. RSC Advances, 2017, 7（9）: 5480-5487.

［8］ Yin X, Yan Y, Miao M, et al. Quasi-emulsion confined synthesis of edge-rich ultrathin MoS_2 nanosheets/graphene hybrid for enhanced hydrogen evolution ［J］. Chemistry, 2018, 24（3）: 556-560.

[9] Wang G, Zhang J, Yang S, et al. Vertically aligned MoS$_2$ nanosheets patterned on electrochemically exfoliated graphene for high - performance lithium and sodium storage [J]. Advanced Energy Materials, 2018, 8 (8): 345-355.

[10] Liu G, Robertson A W, Li M M, et al. MoS$_2$ monolayer catalyst doped with isolated Co atoms for the hydrodeoxygenation reaction [J]. Nature Chemistry, 2017, 9 (8): 810-816.

[11] Tan H, Wang C, Hu W, et al. Reversible tuning of the ferromagnetic behavior in Mn-doped MoS$_2$ nanosheets via interface charge transfer [J]. ACS Appllied Materials & Interfaces, 2018, 10 (37): 31648 -31654.

[12] Zhu Z, Yin H, He C T, et al. Ultrathin transition metal dichalcogenide/3d metal hydroxide hybridized nanosheets to enhance hydrogen evolution activity [J]. Advanced Materials, 2018, 30 (28): 1801171.

[13] Chen J W, Wang F M, Qi X P, et al. A simple strategy to construct cobalt oxide-based high-efficiency electrocatalysts with oxygen vacancies and heterojunctions [J]. Electrochimica Acta, 2019, 326: 134979.

[14] Zhang S, Hu R, Dai P, et al. Synthesis of rambutan-like MoS$_2$/mesoporous carbon spheres nanocomposites with excellent performance for supercapacitors [J]. Applied Surface Science, 2017, 396: 994-999.

[15] Conley H J, Wang B, Ziegler J I, et al. Bandgap engineering of strained monolayer and bilayer MoS$_2$ [J]. Nano Letter, 2013, 13 (8): 3626-3630.

9 氮掺杂碳化钼@碳复合材料的制备及性能

9.1 引言

迄今为止，HER 释放氢过程中的最大挑战之一来自电催化剂的相当大的 H* 吸附能（ΔG_{H^*}），这意味着氢中间体在释放过程中很难解吸以释放氢气[1,2]。例如，单质钼大的 ΔG_{H^*} 阻碍了其在 HER 领域的应用[3]。因此，为了促进氢中间体的解吸并增加氢的释放，大量的研究已提出适当修改钼基化合物的电子结构，包括钼基氧化物、碳化物、磷化物、硫化物及其合金。在这些代表性的钼基材料中，碳化钼（Mo_2C）因其高导电性、广泛的 pH 值适用性、出色的耐久性和可调控的纳米结构而受到广泛关注[4,5]。更重要的是，Mo_2C 的 d 带电子态表现出与 Pt 基材料相似的电化学行为，这有利于氢的吸附/解吸[6,7]。尽管具有这些吸收特性，Mo_2C 仍然难以在电催化中表现出优异的 HER 活性。因此，为了提高 Mo_2C 的 HER 活性，迫切需要一种优化 Mo_2C 结构的有效策略[8]。有研究提出，可以通过适当调整 Mo_2C 的结构来提高对 HER 的催化性能，例如纳米线、纳米片、纳米粒子和纳米管，以释放更高的活性位点的密度。例如，Danick 等人研究了一种创新的光子闪光技术，用于合成多孔 Mo_2C/石墨烯纳米颗粒，作为酸性介质中 HER 的高活性电催化剂[9]。尽管如此，制备具有小纳米颗粒和理想孔隙率的 Mo_2C 以增加氢的吸附/解吸和提高稳定性仍然是一个巨大的挑战。

相比之下，基于先前的研究，非金属元素掺杂被认为是改善水分解的极好方法。首先，非金属元素掺杂能够增强 Mo_2C 的电子结构，使氢中间体（H_{ads}）可以快速吸附/解吸[10,11]。此外，非金属元素掺杂还可以专门增加数量无序结构并加宽电催化剂的层间距，以最大限度地增加暴露在介质中的催化活性位点的数量，从而提高碱性 HER 的内在活性[12,13]。更重要的是，非金属的强亲电能力元素可以增强 Mo—C 键的强度，有利于改善电子传输、抑制腐蚀、增强电极的稳定性[14-16]。因此，在前人研究的基础上，合乎逻辑地推测合理的非金属元素掺杂的 Mo_2C 多孔结构有可能实现高效的 HER 催化性能。

9.2 氮掺杂碳化钼@碳复合材料的制备

将 0.9887g 四水钼酸铵和 0.2954g 乙酰胺溶于 50mL 超纯水中，搅拌 25min，形成均匀溶液。然后将溶液和 10mL 0.5mol/L 葡萄糖溶液倒入 100mL 内衬聚四氟乙烯的高压釜中，密封，放入 200℃立式烘箱中 25h。高压釜冷却至室温后，用乙醇和超纯水在离心机中以 10000r/min 10min 洗涤两次，得到沉淀。最后，将沉淀物放入立式真空干燥箱中在 55℃下干燥 10h，得到 $MoO_2@C$ 样品。

将获得的 $MoO_2@C$ 粉末均匀地分布在氧化铝舟中。然后，将氧化铝舟置于管式炉热源中心，在流动的 Ar/H_2（V_{90}/V_{10}）气氛下煅烧。其中，管式炉以 5.0℃/min 的升温速率在 160min 内快速升温至 800℃，并在 800℃下保温 2h。炉温达到室温后，得到 $N-Mo_2C@C$ 样品，合成示意图如图 9.1 所示。

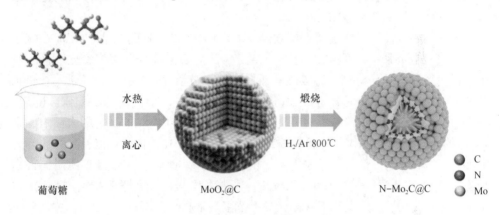

图 9.1 $N-Mo_2C@C$ 的合成示意图

为了进行对比，采用与上述形成 $N-Mo_2C@C$ 类似的合成方法制备 $N-Mo_2C@C-X$（$X=22$，23，24，26）。$N-Mo_2C@CX$（$X=22$，23，24，26）制备的唯一区别是（22h、23h、24h 和 26h，表示为 $Mo_2C@C-22$、$Mo_2C@C-23$、$Mo_2C@C-24$ 和 $Mo_2C@C-26$）在 $MoO_2@C$ 前驱体的形成过程中使用不同的水热时间。

采用与上述形成 $N-Mo_2C@C$ 类似的合成方法制备 $N-Mo_2C@C-Y$（$Y=600$，700，900）。$N-Mo_2C@CY$（$Y=600$，700，900）制备的唯一区别是（600℃、700℃、900℃，记为 $N-Mo_2C@C-600$，$N-Mo_2C@C-700$ 和 $N-Mo_2C@C-900$）在流动的 Ar/H_2（V_{90}/V_{10}）气氛下使用不同的煅烧温度。

采用与上述形成 $N-Mo_2C@C$ 类似的合成方法来制备 $Mo/Mo_2C@C$。$Mo/Mo_2C@$ 制备的唯一区别是在 $MoO_2@C$ 前驱体的形成过程中消除了乙酰胺药物的影响。采用与上述形成 $N-Mo_2C@C$ 类似的合成方法制备 $N-Mo_2C@C-Ar$。$N-Mo_2C@C-Ar$ 形成的唯一区别是消除了煅烧过程中 H_2 气氛的影响。

9.3 表征设备与方法

运用日本 Rigakud/Max-2500 型单色的 $Cu\ K_\alpha$ 射线衍射仪对得到样品的晶体

结构进行分析。使用激光波长为 532nm 的微型激光拉曼设备（Thermo DXR）收集拉曼光谱数据。采用扫描电子显微镜（SEM，ZEISS Gemini-500）观察制成的电极的形貌。此外，透射电子显微镜（TEM，Titan G260-300）和高分辨率 TEM（HRTEM）用来观察晶体结构和元素组成以及所制成材料的分布。X 射线光电子能谱（XPS）记录由 Thermo Scientific K-Alpha 仪器在 12KV 工作电压下使用 6eV Al K_α 辐射获得。材料的比表面积和孔径分布信息是通过 Brunauer-Emmett-Teller（BET）测量获得的，使用 Micromeritics ASAP-2460 设备在 −195.850℃ 下进行 N_2 吸附。热重（TG）分析在 O_2 气氛中进行，加热速率为 10.0℃/min，从 30.0~800.0℃。

电化学活性测试基于连接到电化学仪器（CHI760E 分析仪）的 1mol/L KOH 中的经典三电极系统进行。在设置中，Ag/AgCl 和石墨棒分别用作参比电极和对电极。为了制备工作电极，将 4mg 电催化剂粉末分散在 0.5mL 去离子水、0.5mL 乙醇和 30μL Nafion 的混合溶液中，超声至少 35min 以形成均匀的墨水。随后，将 10μL 催化剂悬浮液滴铸到直径为 3.0mm 的玻璃碳电极（GCE）的表面上。采用线性扫描伏安法（LSV）测试来研究所制备样品的 HER 催化性能，扫描速率为 5.0mV/s。所有电位都与可逆氢电极（RHE）相关。此外，除非另有说明，否则所有 LSV 曲线均进行了 95% 的 IR 校正。所制备电极的电化学阻抗谱（EIS）在 0.01V（vs. RHE）的过电位下获得，频率范围从 1.0~1.0^6Hz。此外，实施循环伏安法（CV）以测量 0.205V 和 0.305V 的非法拉第电位与 RHE 的双层电容（C_{dl}），扫描速率为 20.0mV/s、40.0mV/s、60.0mV/s、80.0mV/s 和 100mV/s 计算所制成材料的电化学表面积（ECSA）。

9.4　微观形貌及结构

在制备过程中，首先使用葡萄糖作为天然碳源，通过普通水热法制备了 MoO_2@C 球状纳米粒子。随后，如图 9.2 所示，在 H_2/Ar（V_{10}/V_{90}）环境中高温煅烧后，N-Mo_2C@C 的球状纳米粒子不仅可以很好地保持，而且还显著减少了团聚。有趣的是，纳米颗粒团聚的减少可以有效扩大电解质与材料表面的接触，从而使更多的可用活性位点可以释放到内部，从而可以有效提高催化活性。如图 9.3（a）和（b）所示，N-Mo_2C@C 的透射电子显微镜（TEM）图像清楚地显示了直径约为 30nm 的均匀纳米球的轮廓。N-Mo_2C@C 样品的高分辨率透射电镜（HR-TEM）的图像（见图 9.3（d）和（e））显示出高结晶度和清晰的晶格条纹，晶格间距为 0.23nm 和 0.37nm，这很好地分别分配给 Mo_2C 的（121）和（110）面。此外，在 N-Mo_2C@C 样品中也可以检测到由厚度约 1.8nm 的碳层组成的壳，这可以防止 Mo_2C 纳米颗粒的过度生长和聚集。

选区电子衍射（SAED）图像（见图 9.3（c））显示了纳米颗粒的多晶结构

图 9.2 N-Mo₂C@C 的 SEM 图像

特征，可以进一步验证材料中 Mo₂C 晶相的存在。此外，N-Mo₂C@C 样品的能量
色散 X 射线光谱 （EDS） 图像 （见图 9.3 （f））和相应的 TEM 元素映射结果 （见
图 9.3 （g）~（j））显示 C：Mo：N 的原子比约为 66：30.5：3.5 （见图 9.3 （f）
的插图）；还揭示了纳米粒子中 C、Mo、N 元素的均匀分布。这些结果表明
N-Mo₂C@C 纳米颗粒的成功制备。还使用扫描电子显微镜 （SEM） 研究了
Mo/Mo₂C@C、N-Mo₂C@C 和 N-Mo₂C@C-Ar 材料以比较它们的微观形貌。
Mo/Mo₂C@C 微结构中出现异常增大的纳米球结构和部分块状结构，而 N-Mo₂C@C
的纳米球尺寸相对均匀。这一结果表明乙酰胺可以调节纳米球的大小。此外，这
些块被标为纯钼。N-Mo₂C@C-Ar 样品也可以保持纳米球状微形态。然而，纳米
球显然负载了大量难以成核的纳米粒子，这意味着在 H₂ 环境下煅烧有利于核壳
结构的形成。

催化剂的相组成通过 X 射线衍射 （XRD） 确定。图 9.4 （a） 显示了 MoO₂@C
前驱体以及 N-Mo₂C@C 和 Mo/Mo₂C@C 样品的 XRD 图像。在 3 种纳米材料中可
以看到位于无定形碳约 17° 处的弱特征峰，这证明了超薄碳层的存在。MoO₂@C
前驱体在 26.0°、37.0°、41.3°、53.5°、59.8° 和 66.6° 处的明显衍射峰可归因于
单斜 MoO₂ ［空间群 $P21/c$ （14） PDF No.86-0135］ 的 （011）、（-211）、（-212）、
（-311）、（-313） 和 （-402） 平面。此外，除了无定形碳的特征峰外，Mo/Mo₂C
@C 的残余衍射峰指向正交 Mo₂C ［空间群 $Pbcn$ （60）， PDF No.72-1683］ 和立
方 Mo ［空间群 $Im3m$ （ 229）， PDF No.72-1683］。从 N-Mo₂C@C 的 XRD 图中，
这些衍射峰仅属于共存的无定形碳和斜方晶 Mo₂C，这与图 9.3 （e） 中描述的
HR-TEM 结果一致。有趣的是，与 Mo/Mo₂C@C 样品相比，N-Mo₂C@C 材料的
Mo₂C 衍射峰显著向低角度移动。这一结果意味着 N 成功地掺杂到 Mo₂C 中，
N-Mo₂C@C 样品中的 N 源是乙酰胺。拉曼光谱被用来进一步表征代表性的
N-Mo₂C@C 和 Mo/Mo₂C@C 热解材料。N-Mo₂C@C 的拉曼光谱 （见图 9.4 （b））

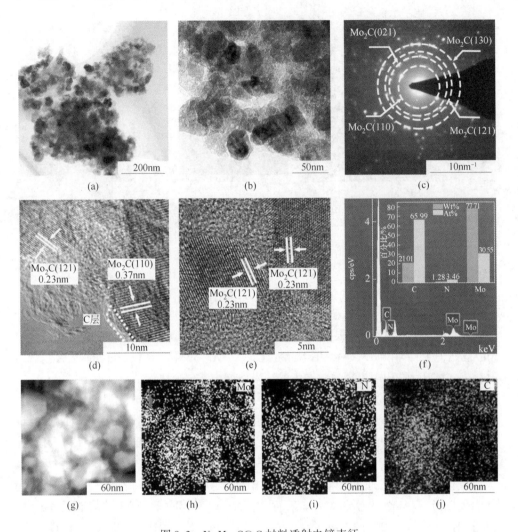

图 9.3 N-Mo$_2$C@C 材料透射电镜表征

(a), (b) TEM 图像；(c) SAED 图像；(d), (e) HRTEM 图像；(f) EDS 光谱 (插图：原子比)；
(g) TEM 电子图像；(h) Mo 的 TEM 元素映射；(i) N 的 TEM 元素映射；(j) C 的 TEM 元素映射

显示了与无定形碳 [D 带 (1345.99 cm^{-1}) 和 G 带 (1593.80 cm^{-1})] 和 Mo—C 键 (991.15 cm^{-1}) 相关的 3 个拉曼峰[17]。值得注意的是，N-Mo$_2$C@C 的 I_D/I_G 值为 1.08，略小于 Mo/Mo$_2$C@C (I_D/I_G = 1.15)。该结果表明微结构的无序和缺陷减少，导致电子快速转移和额外活性位点的释放，这有助于提高 HER 活性[18]。更令人印象深刻的是，与 Mo/Mo$_2$C@C 材料相比，N-Mo$_2$C@C 样品的 Mo—C 键显示出正偏移，这是因为 N 掺杂影响了 Mo$_2$C 周围的电子结构，这一结果进一步证明了 N 掺杂的 Mo$_2$C@C 的形成。

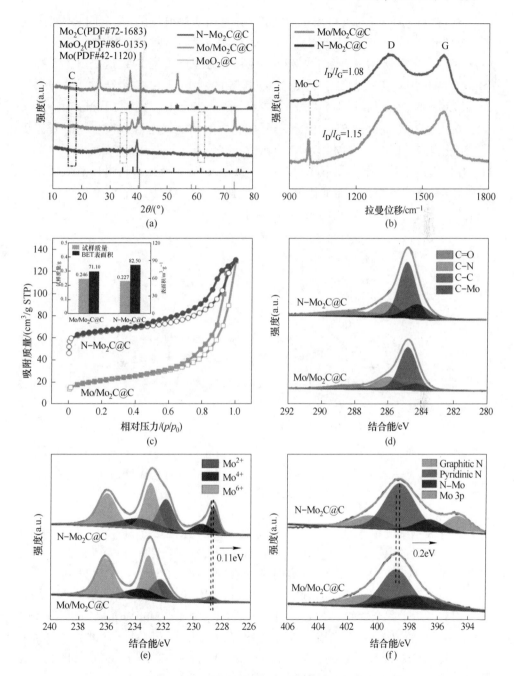

图 9.4 样品的物相及微观结构表征

(a) MoO₂@C 前驱体、N-Mo₂C@C 和 Mo/Mo₂C@C 的 XRD 图;

(b) 拉曼光谱;(c) N₂ 吸附-解吸等温线（插图：BET 表面积）;(d) C 1s 的 XPS 光谱;

(e) Mo 3d 的 XPS 光谱;(f) N-Mo₂C@C 和 Mo/Mo₂C@C 的 N 1s 的 XPS 光谱

进行 Brunauer-Emmett-Teller（BET）分析以通过典型的 N_2 吸附-解吸来研究制成的催化剂的表面积（SA_{BET}）。如图 9.4（c）所示，Mo/Mo_2C@C 和 N-Mo_2C@C的 N_2 吸附-解吸曲线被很好地归类为经典类型 IV，这是由于毛细管冷凝产生明显的滞后回线，这意味着制备的材料具有多孔结构[19]。此外，N-Mo_2C@C的 SA_{BET}值（图 9.4（c）的插图）为 82.50m^2/g，大于 Mo/Mo_2C@C（71.10m^2/g）。如此高的 SA_{BET} 有利于电极和电解质的接触和润湿，同时暴露更多的催化位点。同时，N-Mo_2C@C 的孔径分布分析（见图 9.5）显示出约 3.6nm 的小孔体积，这对应于介孔纳米材料。N-Mo_2C@C 的介孔结构可以有效促进反应物迁移和气体扩散，从而加快电催化反应速率[20]。此外，对 N-Mo_2C@C 样品进行热重分析（TGA）以获得 Mo_2C 的质量比，约为 41.41%。

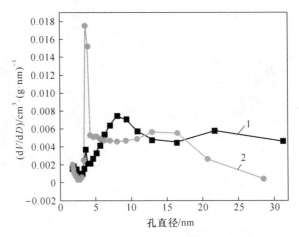

图 9.5　N-Mo_2C@C 和 Mo/Mo_2C@C 的 Barrett-Joyner-Halenda（BJH）孔径分布
1—Mo/Mo_2C@C；2—N-Mo_2C@C

进行 X 射线光电子能谱（XPS）以进一步阐明和分析 Mo/Mo_2C@C 和 N-Mo_2C@C 电极的电子状态和效应。调查 XPS 宽扫描光谱揭示了 N-Mo_2C@C 样品中存在 Mo、O、N 和 C 元素，这表明 N 元素按预期很好地引入了材料中。其中，元素 O 的出现属于样品表面的氧化。此外，Mo/Mo_2C@C 样品中元素 N 的存在归因于钼酸铵中未完全洗脱的 NH_4^+。如图 9.4（d）所示，Mo/Mo_2C@C 和 N-Mo_2C@C 的高分辨率 C1s XPS 光谱被很好地分解为 288.36eV（C=O 键）、286.1eV（C—N 键）、284.8eV（C—C 键）和 284.22eV（C—Mo 键）的 4 个自旋轨道峰[21]。Mo/Mo_2C@C 和 N-Mo_2C@C 的 Mo 3d 信号（见图 9.4（e））分为 3 个有代表性的双峰，分别对应于属于 Mo_2C 的 Mo^{2+}（228.6/231.92eV）、Mo^{4+}（229.41/233.78eV）和 Mo^{6+}（232.99/236.03eV）[22]。在这里，Mo^{4+} 和 Mo^{6+} 物种的存在很好地归因于 Mo_2C 表面不可避免地被空气逐渐氧化。如图 9.4（f）所

示，N-Mo$_2$C@C 的 N 1s 光谱表现出 4 个不同的信号，分别位于 400.56eV、398.57eV、396.58eV 和 394.68eV，分别分配给石墨 N、吡啶 N、N—Mo 键和 Mo 3p 物种，分别与 N 1s 信号重叠[27]。值得注意的是，作为 N-Mo$_2$C@C 中主要的氮物种类型，吡啶-N 可以改变 C 的 π 键状态，这将促进水的解离[23]。Mo—N 键和 Mo 3p 的共存意味着 N 原子以共价键的形式进入 Mo$_2$C 晶格。有趣的是，与 Mo/Mo$_2$C@C 相比，N 1s 和 Mo 3d 峰的结合能向较低的结合能移动 0.2eV 和 0.11eV。这些结果证实了 N 掺杂的 Mo$_2$C@C 的成功合成和 Mo$_2$C 周围电子结构的改变。此外，带负电的 N 原子掺杂剂可以显著增加费米能级的电子云密度，削弱 CH 和 Mo—H 键的强度，有利于捕获氢中间体，提高 HER 活性[24,25]。

9.5　HER 活性的评估

N-Mo$_2$C@C 具有丰富的介孔纳米球结构、大比表面积、富电子掺杂和优异的传质能力等优点，使其成为一种具有潜力的电催化剂。采用传统的三电极系统在室温下在 1.0mol/L KOH 中评估所制备催化剂的电化学 HER 性能。图 9.6（a）显示了 N-Mo$_2$C@C、MoO$_2$@C、Mo/Mo$_2$C@C、Pt/C 和一系列 N-Mo$_2$C@C-X（X=22，23，24，26）样品的正常极化曲线在碱性溶液中具有 95% 的 IR 补偿。正如预期的那样，Pt/C 表现出最优异的 HER 活性，其起始电位接近于零，并且在 10mA/cm^2 时具有 26mV 的低过电位。N-Mo$_2$C@C 还表现出卓越的 HER 性能，在相似的电流密度下具有 72mV 的过电位。此外，残留样品的过电位也在 10.0mA/cm^2 处确定，结果清楚地表示：N-Mo$_2$C@C-22（93mV）、N-Mo$_2$C@C-23（86mV）、N-Mo$_2$C@C-24（81mV）、N-Mo$_2$C@C-26（132mV）、MoO$_2$@C（532mV）和 Mo/Mo$_2$C@C（340mV）。该结果表明，与本工作中合成的样品（不包括商业 Pt/C）和先前报道的 Mo 基材料（见表 9.1）相比，N-Mo$_2$C@C 具有优越性。值得注意的是，N-Mo$_2$C@C 和 Mo/Mo$_2$C@C 之间明显的过电位差距归因于 N 掺杂改变了 Mo$_2$C 周围不一致的原子和电子结构，这确保了多孔纳米球表面上额外活性位点的释放。有趣的是，N-Mo$_2$C@C 和 N-Mo$_2$C@C-X（X=22、23、24、26）相比，水热时间对材料的催化性能影响很小。此外，与 N-Mo$_2$C@C 相比，N-Mo$_2$C@C-Ar 在 10mA/cm^2 下显示出更大的过电位，为 101mV。该结果表明氢环境有利于核壳结构纳米粒子的生长，并能有效提高催化活性。通过拟合极化曲线获得的塔菲尔图用于评估材料的电催化 HER 动力学。

如图 9.6（b）所示，Pt/C 和 N-Mo$_2$C@C 的 Tafel 斜率分别为 29.44mV/dec 和 61.08mV/dec，低于 N-Mo$_2$C@C-22（75.05mV/dec）、N-Mo$_2$C@C-23（65.65mV/dec）、N-Mo$_2$C@C-24（62.28mV/dec）、N-Mo$_2$C@C-26（75.82mV/dec）、MoO$_2$@C（145.55mV/dec）和 Mo/Mo$_2$C@C（113.86mV/dec）。值得注意的是，如此低的 Tafel 斜率意味着 N-Mo$_2$C@C 的反应遵循经典的 Volmer-Heyrovsky 机

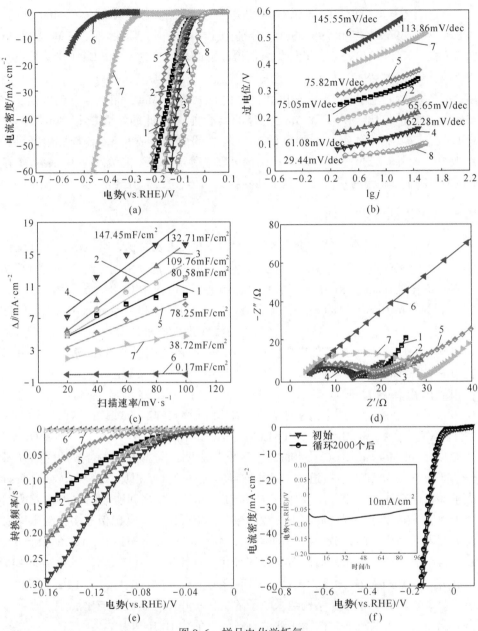

图 9.6 样品电化学析氢

(a) N-Mo$_2$C@C-X (22, 23, 24, 26)、MoO$_2$@C、N-Mo$_2$C@C、Mo/Mo$_2$C@C 和 Pt/C 的极化曲线；
(b) 塔菲尔斜率；(c) C_{dl}；(d) N-Mo$_2$C@C-X (22, 23, 24, 26)、
MoO$_2$@C、N-Mo$_2$C@C 在 10.0mV 时的奈奎斯特图（V vs. RHE）；(e) Mo/Mo$_2$C@C；
(f) 在 1mol/L KOH 中，N-Mo$_2$C@C 在 2000 个循环之前和之后的极化曲线
（插图：N-Mo$_2$C@C 在 10mA/cm^2 下 96h 的计时电位曲线）

1—N-Mo$_2$C@C-22；2—N-Mo$_2$C@C-23；3—N-Mo$_2$C@C-24；4—N-Mo$_2$C@C；
5—N-Mo$_2$C@C-26；6—Mo$_2$C@C；7—Mo/Mo$_2$C@C；8—Pt/c

表 9.1 N–Mo₂C@C 的 HER 性能与最近报道的 Mo₂C 的电催化剂的比较

催化剂	电解液	$\eta(HER)/mV$ @ 10mA/cm^{-2}	稳定性 /h	备 注
N–Mo₂C@C	1.0mol/L KOH	72	80	作者工作
Mo₂C@575V–4p	1.0mol/L KOH	160	10	ACS Catal 2021, 11 (9), 5865–5872
Mo₂C/Ti₃C₂Tₓ@NC	0.5mol/L H₂SO₄	53	30	J Mater Chem A 2020, 8 (15), 7109–7116
Ni/Mo₂C–NCNFs	1.0mol/L KOH	143	100	Adv Energy Mater 2019, 9 (10), 1803185
MoSe₂–Mo₂C hybrid	0.5mol/L H₂SO₄	73	20	Appl Catal B: Environ 2020, 264, 118531
Co₅₀–Mo₂C–12	1.0mol/L HClO₄	125	12	Adv Funct Mater 2020, 30 (19), 2000561
Mo₂C P/Mo₂C F	1.0mol/L KOH	96	18	ChemCatChem 2020, 12 (23), 6040–6049
	0.5mol/L H₂SO₄	118	18	
Mo₂C@CNCC	1.0mol/L KOH	113	70	Journal of Power Sources 2020, 476, 228706
Co/β–Mo₂C@N–CNTs	1.0mol/L KOH	170	24	Angew. Chem. Int. Ed. 2019, 131 (15), 4923–4928
Co–Mo₂C–CNₓ–2	1.0mol/L KOH	92	20	Appl Catal B: Environ 2021, 284, 119738
W–MoₓC/C	1.0mol/L KOH	178	12	Electrochimica Acta 2021, 370, 137796
PHA–Mo₂C	0.5mol/L H₂SO₄	93	32	Nano Energy 2020, 77, 105056

制，即从 Mo–H 中解吸 H 原子与 H 中间体结合生成 H_2[26]。此外，电化学表面积（ECSA）能够进一步评估所制备的电催化剂的内在活性。图 9.6（c）显示了 N–Mo₂C@C–22、N–Mo₂C@C–23、N–Mo₂C@C–24、N–Mo₂C@C、N–Mo₂C@C–26、MoO₂@C 和 Mo/Mo₂C@C 分别为 80.58mF/cm²、109.76mF/cm²、132.71mF/cm²、147.45mF/cm²、78.25mF/cm²、0.17mF/cm² 和 38.72mF/cm²。N–Mo₂C@C 提供了比 Mo/Mo₂C@C 大得多的表面积，这表明 N 掺杂可以在促进活性位点的释放和提高催化性能方面发挥重要作用。此外，N–Mo₂C@C 表现出比一系列 N–Mo₂C@C–X（X=22，23，24，26）样品更高的 C_{dl} 值，这意味着合适的水热时间有利于纳米颗粒的生长并增强 HER 活性。

使用 EIS 测试以进一步估计样品在碱性电解质中的 HER 催化动力学。材料的奈奎斯特图（见图 9.6（d））显示电阻由两个凹半圆组成，分别是高频区 Mo₂C 与碳基体界面之间的电荷转移电阻（R_{ct-int}）和电荷转移电阻（$R_{ct-int-solid}$）分别位于低频区域的 Mo₂C 和电解质之间。N–Mo₂C@C 的 R_{ct-int} 和 $R_{ct-solid-liquid}$ 显著低于其他材料，这表明 N–Mo₂C@C 具有良好的电子转移和催化 HER 机制。此外，$N-Mo_2C@C$ 的最小 R_{ct-int} 和 $R_{ct-solid-liquid}$ 归因于：（1）N 掺杂可以调节 Mo_2C 周围的电子结构以释放更多的活性位点并增加电子转移速率；（2）纳米球的多孔结构有利于材料内部与电解质的接触，增加界面之间的导电性。

CV 曲线是在 1mol/L 磷酸盐缓冲液中使用经典电化学方法获得的，以量化电极的活性位点，以进一步计算转化频率（TOF）[27,28]。图 9.6（e）显示了相应的 TOF 不同电位下材料的值。$N-Mo_2C@C$ 在 160mV 时的最大 TOF 为 $0.294s^{-1}$，分别是 $N-Mo_2C@C-22$（$0.147s^{-1}$）、$N-Mo_2C@C-23$（$0.209s^{-1}$）、$N-Mo_2C@C-24$（$0.226s^{-1}$）、$N-Mo_2C@C-26$（$0.084s^{-1}$）、$MoO_2@C$（$0.001s^{-1}$）和 $Mo/Mo_2C@C$（$0.002s^{-1}$）的 2、1.41、1.3、3.5、294 和 147 倍。$N-Mo_2C@C$ 相当大的 TOF 值意味着该电极具有优异的电催化活性。此外，电催化耐久性是评价材料实用性的另一个重要指标。与 2000 个循环后的初始 LSV 曲线相比，$N-Mo_2C@C$ 的极化曲线（见图 9.6（f））显示出可以忽略不计的变化。此外，$N-Mo_2C@C$ 的计时电位响应曲线（见图 9.6（f）的插图）在 $10mA/cm^2$ 下连续运行 96h 后显示出非常小的潜在衰减，这表明 $N-Mo_2C@C$ 具有显著的 HER 稳定性。为了进一步研究长期运行后 $N-Mo_2C@C$ 的微观形貌和结构组成的变化，对循环后样品进行了 HRTEM 和 XPS 测试。$N-Mo_2C@C$ 的 TEM（见图 9.7（a））和 HRTEM 图像（见图 9.7（b））显示循环后的结构和晶面间距与初始 $N-Mo_2C@C$ 结构相似。此外，XPS 测量光谱（见图 9.8）显示原始 $N-Mo_2C@C$ 的价态和键组成与循环后的基本相同。然而，图 9.8（c）显示 Mo^{6+} 的峰强度在稳定操作后明显增强，这归因于空气中的氧化。此外，还观察到 Mo^{2+} 的双峰强度在 Mo 3d 光谱中减弱，Mo 3p 键在长时间操作后在 N 1s 光谱中消失（见图 9.8（d））。这是因为在 $N-Mo_2C@C$ 中消耗了部分 N—Mo—C 键。因此，这些结果证实了 $N-Mo_2C@C$ 作为一种高效的 HER 催化剂具有出色的 HER 活性和催化耐久性。

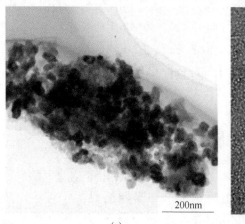
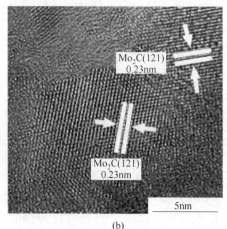

(a)　　　　　　　　　　　　　　　　(b)

图 9.7　$N-Mo_2C@C$ 在 1mol/L KOH 溶液中进行 HER 96h 耐久性测试后的 TEM 和 HRTEM
(a) TEM；(b) HRTEM

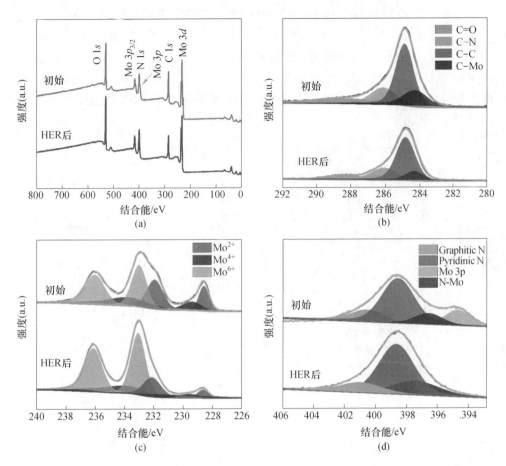

图 9.8　N-Mo₂C@C 样品在 1mol/L KOH 溶液中进行 HER 循环 96h 耐久性测试后的典型 XPS 测量光谱
(a) N-Mo₂C@C; (b) C 1s; (c) Mo 3d; (d) N 1s

9.6　煅烧温度在 N 掺杂中的作用

　　为了进一步探索煅烧温度对碱性电解质中 N 掺杂 Mo₂C@C 的 HER 性能的影响，还评估了 N-Mo₂C@C-Y（Y = 600，700，900）。在此，采用与 N-Mo₂C@C 电催化剂相同的制备方法，不同的是煅烧温度为 600℃、700℃和 900℃，分别制备了 N-Mo₂C@C-600、N-Mo₂C@C-700 和 N-Mo₂C@C-900。根据 LSV 曲线（见图 9.9（a）），N-Mo₂C@C-600、N-Mo₂C@C-700 和 N-Mo₂C@C-900 的高过电位分别为 143mV、98mV 和 96mV。这表明 800℃的煅烧温度有利于 N 掺杂以调节 Mo₂C 的电子结构并增强内部活性。N-Mo₂C@C-600、N-Mo₂C@C-700 和 N-Mo₂C@C-900 电极的塔菲尔斜率（见图 9.9（b））分别为 98.20mV/dec、80.64mV/dec 和 80.46mV/dec。此外，N-Mo₂C@C 的 EIS（见图 9.9（c））光谱

显示出显著低于 N-Mo$_2$C@ C-600、N-Mo$_2$C@ C-700 和 N-Mo$_2$C@ C-900 的 R_{ct-int} 和 $R_{ct-solid}$。此外,如图 9.9(d)所示,N-Mo$_2$C@ C-600、N-Mo$_2$C@ C-700 和 N-Mo$_2$C@ C-900 的 C_{dl} 分别为 29.89mF/cm^2、54.11mF/cm^2 和 62.52mF/cm^2。 N-Mo$_2$C@ C电极表现出优于 N-Mo$_2$C@ C-Y(Y=600,700,900)的 HER 性能。 这些结果表明,适当的煅烧温度有利于 N 掺杂和快速电子转移,从而获得良好的 HER 活性。

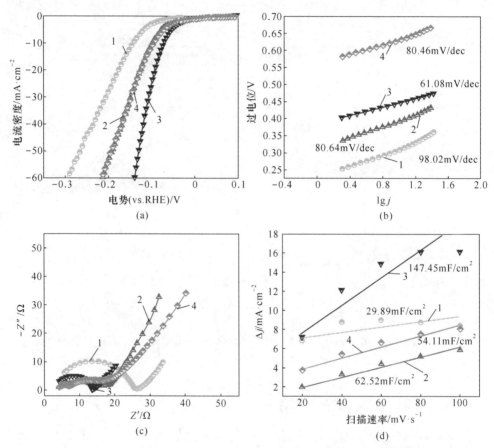

图 9.9 在 1mol/L KOH 中,不同煅烧温度样品的电化学析氢性能
(a) 极化曲线;(b) 塔菲尔斜率;(c) 10.0mV 时的 Nyquist 图(V vs. RHE);
(d) N-Mo$_2$C@ C-600、N-Mo$_2$C@ C-700、N-Mo$_2$C@ C 和 N-Mo$_2$C@ C-900 的 C_{dl}
1—N-Mo$_2$C-600;2—N-Mo$_2$C-700;3—N-Mo$_2$C;4—N-Mo$_2$C-900

9.7 密度函数理论计算

为了进一步揭示 N 掺杂在提高 Mo$_2$C 的 HER 性能方面的活性起源和电荷跃迁,进行了经典密度泛函理论(DFT)计算。在这里,为了方便地观察 N 掺杂对

Mo₂C 活性的影响，我们消除了优化模型中纯 Mo 的可忽略不计的 HER 活性。如图 9.10（a）所示，同一平面内 N 原子（-0.797e）周围的 Mo 原子（1.025e）和 C 原子（-0.727e）周围的 Mo 原子（1.015e）的电荷与 Mo 原子（0.5~0.6e）相比显著增强。这种现象表明强电负性 N 原子的引入有利于 Mo 原子周围的电子积累。差分电荷密度（DCD）计算用于更直观地了解 N-Mo₂C 的电子转移。N-Mo₂C 的 DCD（见图 9.10（b））显示了 N 和 C 原子的电子积累（蓝色区域）和 Mo 原子的电子损失（黄色区域），这意味着电子从高电荷 Mo 转移到低电荷 N 和 N-Mo₂C 中的 C 原子。有趣的是，N 原子和周围 Mo 原子之间的电荷转移促进了 N-Mo 键的稳定，从而提高了 HER 催化剂的稳定性。

如图 9.10（c）、（d）所示，态密度（DOS）表明 Mo₂C 和 N-Mo₂C 的原子轨道在费米能级处有高峰值，这表明 N-Mo₂C 和 Mo₂C 具有良好的导电性。此外，在费米能级上，N-Mo₂C 的 DOS 明显大于 Mo₂C，这意味着 N-Mo₂C 具有更高的电导率，这将促进电催化水分解中的电子转移。图 9.10（e）显示了 C 原子和 Mo 原子在 Mo₂C 不同位点（例如 C—H、Mo-1-H 和 Mo-2-H）上的 H* 吸附能（$|\Delta G_{H^*}|$）。$|\Delta G_{H^*}|$ C-H、Mo-1-H 和 Mo-2-H 的值分别为 0.408eV、0.237eV

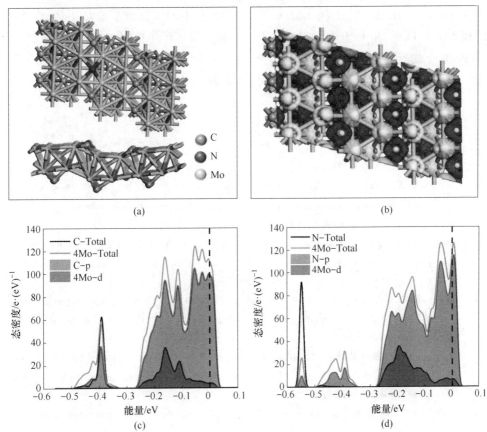

(a)　　　　　　　　　　　　　　　　(b)

(c)　　　　　　　　　　　　　　　　(d)

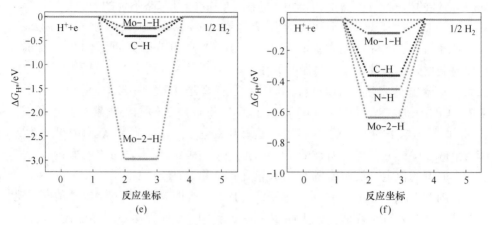

图 9.10　理论计算模型微分电荷密度及态密度图

（a）理论模型；（b）N-Mo_2C 的微分电荷密度（黄色区域代表电子损失，蓝色区域代表电子积累）；
（c）Mo_2C 的态密度；（d）N-Mo_2C 的态密度；（e）Mo_2C 的 H^* 吸附能；（f）N-Mo_2C 的 H^* 吸附能

和 2.968eV。此外，当 C 原子被 N 原子取代时，$|\Delta G_{H^*}|$ CH（0.365eV）、Mo-1-H（0.086eV）和 Mo-2-H（0.642eV）在 N-Mo_2C 上的值显著小于 C-H、Mo-1-H 和 Mo-2-H 在 Mo_2C 上的值，这意味着 N 掺杂可以产生更多的催化位点并促进 N-Mo_2C 上的反应动力学（见图 9.10（f））[29]。因此，基于 DFT 计算，可证实 N 掺杂的意义在于它可以影响活性位点的 H^* 吸附并增加电导率。

参 考 文 献

［1］Chen J, Qi X, Liu C, et al. Interfacial engineering of a MoO_2-CeF_3 heterostructure as a high-performance hydrogen evolution reaction catalyst in both alkaline and acidic solutions [J]. ACS Applied Materials & Interfaces, 2020, 12（46）: 51418-51427.

［2］Zhao H, Li Z, Dai X, et al. Heterostructured CoP/MoO_2 on Mo foil as high-efficiency electro-catalysts for the hydrogen evolution reaction in both acidic and alkaline media [J]. Journal of Materials Chemistry A, 2020, 8（14）: 6732-6739.

［3］Song J, Jin Y Q, Zhang L, et al. Phase-separated Mo-Ni alloy for hydrogen oxidation and evolution reactions with high activity and enhanced stability [J]. Advanced Energy Materials, 2021, 11（16）: 2003511.

［4］Jia J, Zhou W, Wei Z, et al. Molybdenum carbide on hierarchical porous carbon synthesized from Cu-MoO_2 as efficient electrocatalysts for electrochemical hydrogen generation [J]. Nano Energy, 2017, 41: 749-757.

［5］Xu Z, Jin S, Seo M H, et al. Hierarchical Ni-Mo_2C/N-doped carbon Mott-Schottky array for water electrolysis [J]. Applied Catalysis B: Environmental, 2021, 292: 120168.

[6] Liu Z, Zhou S, Xue S, et al. Heterointerface-rich Mo_2C/MoO_2 porous nanorod enables superior alkaline hydrogen evolution [J]. Chemical Engineering Journal, 2021, 421: 127807.

[7] Kadam S R, Ghosh S, Bar-Ziv R, et al. Facile synthetic approach to produce optimized molybdenum carbide catalyst for alkaline HER [J]. Applied Surface Science, 2021, 559: 149932.

[8] Wang D, Liu T, Wang J, et al. N, P (S) Co-doped Mo_2C/C hybrid electrocatalysts for improved hydrogen generation [J]. Carbon, 2018, 139: 845-852.

[9] Reynard D, Nagar B, Girault H. Photonic flash synthesis of $Mo_2C/graphene$ electrocatalyst for the hydrogen evolution reaction [J]. ACS Catalysis, 2021, 11 (9): 5865-5872.

[10] Huang Y, Ge J, Hu J, et al. Nitrogen-doped porous molybdenum carbide and phosphide hybrids on a carbon matrix as highly effective electrocatalysts for the hydrogen evolution reaction [J]. Advanced Energy Materials, 2018, 8 (6): 1701601.

[11] Chi J Q, Gao W K, Lin J H, et al. Porous core-shell N-doped $Mo_2C@C$ nanospheres derived from inorganic-organic hybrid precursors for highly efficient hydrogen evolution [J]. Journal of Catalysis, 2018, 360: 9-19.

[12] Wei H, Wang J, Lin Q, et al. Incorporating ultra-small N-doped Mo_2C nanoparticles onto 3D N-doped flower-like carbon nanospheres for robust electrocatalytic hydrogen evolution [J]. Nano Energy, 2021, 86: 106047.

[13] Kang Q, Li M, Wang Z, et al. Agaric-derived N-doped carbon nanorod arrays@ nanosheet networks coupled with molybdenum carbide nanoparticles as highly efficient pH-universal hydrogen evolution electrocatalysts [J]. Nanoscale, 2020, 12 (8): 5159-5169.

[14] Jing Q, Zhu J, Wei X, et al. An acid-base molecular assembly strategy toward N-doped $Mo_2C@C$ nanowires with mesoporous Mo_2C cores and ultrathin carbon shells for efficient hydrogen evolution [J]. Journal of Colloid and Interface Science, 2021, 602: 520-533.

[15] Chi J Q, Xie J Y, Zhang W W, et al. N-doped sandwich-structured $Mo_2C@C@Pt$ interface with ultralow Pt loading for pH-universal hydrogen evolution reaction [J]. ACS Applied Materials & Interfaces, 2019, 11 (4): 4047-4056.

[16] Wang J, Zhu R, Cheng J, et al. Co, Mo_2C encapsulated in N-doped carbon nanofiber as self-supported electrocatalyst for hydrogen evolution reaction [J]. Chemical Engineering Journal, 2020, 397: 125481.

[17] Sun Y, Peng F, Zhang L, et al. Hierarchical nitrogen-doped Mo_2C nanoparticle-in-microflower electrocatalyst: in situ synthesis and efficient hydrogen-evolving performance in alkaline and acidic media [J]. Chem. Cat. Chem., 2020, 12 (23): 6040-6049.

[18] Zhou Y, Niu J, Zhang G, et al. A three-dimensional self-standing $Mo_2C/nitrogen$-doped graphene aerogel: enhancement hydrogen production from landfill leachate wastewater in MFCs-AEC coupled system [J]. Environmental Research, 2020, 184: 109283.

[19] Vikraman D, Hussain S, Karuppasamy K, et al. Engineering the novel $MoSe_2$-Mo_2C hybrid nanoarray electrodes for energy storage and water splitting applications [J]. Applied Catalysis B: Environmental, 2020, 264: 118531.

[20] Wu S, Chen M, Wang W, et al. Molybdenum carbide nanoparticles assembling in diverse heteroatoms doped carbon matrix as efficient hydrogen evolution electrocatalysts in acidic and alkaline medium [J]. Carbon, 2021, 171: 385−394.

[21] Liu C, Sun L, Luo L, et al. Integration of Ni doping and a Mo_2C/MoC heterojunction for hydrogen evolution in acidic and alkaline conditions [J]. ACS Applied Materials & Interfaces, 2021, 13 (19): 22646−22654.

[22] Huo L, Liu B, Zhang G, et al. Universal strategy to fabricate a two−dimensional layered mesoporous Mo_2C electrocatalyst hybridized on graphene sheets with high activity and durability for hydrogen generation [J]. ACS Applied Materials & Interfaces, 2016, 8 (28): 18107−18118.

[23] Wang S, Li Y, Xie J, et al. One−pot solution−free construction for hybrids of molybdenum carbide nanoparticles and porous N−doped carbon nanoplates as efficient electrocatalyst of hydrogen evolution [J]. Journal of Alloys and Compounds, 2021, 861: 157935.

[24] Li S, Dong B, Yuanyuan, et al. Synthesis of porous Mo_2C/nitrogen−doped carbon nanocomposites for efficient hydrogen evolution reaction [J]. Chemistry Select, 2020, 5 (45): 14307−14311.

[25] Gu T, Sa R, Zhang L, et al. MOF−aided topotactic transformation into nitrogen−doped porous Mo_2C mesocrystals for upgrading the pH−universal hydrogen evolution reaction [J]. Journal of Materials Chemistry A, 2020, 8 (39): 20429−20435.

[26] Ma Y, Chen M, Geng H, et al. Synergistically tuning electronic structure of porous $β−Mo_2C$ spheres by Co doping and Mo−vacancies defect engineering for optimizing hydrogen evolution reaction activity [J]. Advanced Functional Materials, 2020, 30 (19): 2000561.

[27] Ge Y, Chen J, Chu H, et al. Urchin−like CoP with controlled manganese doping toward efficient hydrogen evolution reaction in both acid and alkaline solution [J]. ACS Sustainable Chemistry & Engineering, 2018, 6 (11): 15162−15169.

[28] Chen J, Zeng Q, Qi X, et al. High−performance bifunctional Fe−doped molybdenum oxide−based electrocatalysts with in situ grown epitaxial heterojunctions for overall water splitting [J]. International Journal of Hydrogen Energy, 2020, 45 (46): 24828−24839.

[29] Jia J, Xiong T, Zhao L, et al. Ultrathin N−doped Mo_2C nanosheets with exposed active sites as efficient electrocatalyst for hydrogen evolution reactions [J]. ACS Nano, 2017, 11: 12509−12518.